CONTENTS

フェラーリ ヴィーナスの創造——166インテルから599GTBまで

エンツォ・フェラーリ 1898〜1988	2
166インテル 1949〜1950	10
212インテル 1951〜1952	13
340／342／375 アメリカ 1951〜1954	16
250 1953〜1964	20
250GTO 1962〜1964	30
410／400 SA〜500スーパーファスト 1955〜1966	34
275 GTB／GTS／GTB／4 1964〜1968	38
330 GT2＋2／GTC／GTS 1964〜1968	42
365 1966〜1975	48
ディーノ 206／246／308 1967〜1980	58
308／208 GTB／GTS〜308クアトロヴァルヴォーレ 1975〜1985	68
400 オートマティック／GT〜400i 1976〜1984	74
365GT／4BB〜512BBi 1973〜1984	78
モンディアル 8／クアトロヴァルヴォーレ／3.2 1980〜1989	86
288GTO 1984〜1985	94
テスタロッサ 1984〜1992	98
328 GTB／GTS〜GTB／GTSターボ 1985〜1989	106
412 1985〜1989	110
F40 1987〜1992	114
モンディアルt 1989〜1993	122
348 tb／ts 1989〜1994	126
512TR 1992〜1994	132
456 GT／GTA 1992〜1997	134
348スパイダー 1993〜1995	142
F512M 1994〜1996	144
F355 ベルリネッタ／GTS 1994〜1999	148
F355スパイダー 1995〜1999	156
F50 1995〜1997	160
550マラネロ 1996〜2001	166
355F1 ベルリネッタ／スパイダー 1997〜1999	172
456M GT／GTA 1998〜2003	178
360モデナ 1999〜2004	182
575Mマラネロ 2002〜2004	190
エンツォ・フェラーリ 2002〜2003	194
チャレンジストラダーレ 2003〜2004	202
612スカリエッティ 2004〜	204
F430 ベルリネッタ／スパイダー 2004〜	212
スーパーアメリカ 2005〜	218
599GTBフィオラーノ 2006〜	220

エンツォ・フェラーリがこの世を去ったのは、彼が初めて造ったグラントゥリズモから40年目を迎える直前、1988年の夏のことだった（166インテルは1948年9月15日のトリノ・ショーで発表）。カヴァリーノ（編注：フェラーリの別称）の黄金時代を築きあげたカリスマ創設者の命の灯火が消えかかっていることは、すでに誰の目にも明らかであった。

だが、エンツォを失いはしたものの、フェラーリはエンツォの功績をよく知るルカ・ディ・モンテゼーモロ指揮の下、これまでと同様に、魅力的で神話に満ち、ドライビングの喜びにあふれた、より安全なフェラーリを生みだしていく。

この本では、最初のフェラーリから最新の599GTBまでに及ぶ、その軌跡をたどる。クルマ好きと生まれたからには、少なくとも一生に一度、ステアリングを握るべきクルマのストーリーをまとめたものである。

マウロ・テデスキーニ
クアトロルオーテ誌ディレクター

エンツォ・フェラーリ 1898〜1988

90年間、主人公だった
エンツォ・フェラーリ（右は1930年代の写真）、1898年2月18日、モデナ生まれ。1988年8月14日逝去。40年にわたって、自らの名前を掲げた会社とクルマに、生活、いや人生のすべてを捧げた。カヴァリーノ・ランパンテの神話をわずか40年で創りあげた男である。

　フェラーリの歴史は長く、モータースポーツの雄として、またスポーツカーメーカーとして、幾多のサクセスに満ちている。なによりフェラーリのストーリーに欠かせないのは、ひとりの男の存在だ。

　エンツォ・フェラーリ——彼の名を冠する最初のクルマが誕生したのは1947年2月のことである。まさにこの時、中部イタリアはモデナの小さな町マラネロとは、切っても切れない赤い糸で結ばれたクルマが産声をあげた。このときすでにエンツォは49歳だったが、その彼を駆り立てたものは、これまでに経験した挑戦の数々だった。この経験こそが、"カヴァリーノ"を生みだす原動力になったのだ。

生粋のモデナ人

　自動車史上、もっともカリスマ的な人物といえるエンツォは、1898年2月18日、モデナに生まれた。両親が役所への出生届けを見送ったほど激しい雪の日だったという。モデナのカルピ（Carpi）出身の父は名をアルフレードといい、鉄道関係部品の製作工場を営むかたわらで音楽を愛した。アダルジーザ・ビスビーニという名の母は、同じエミリア・ロマーニャ州フォルリ（Forli）の出身だった。この両親のほか、父と同じ名を持つ2歳上の兄がいた。幼年時代、両親はしばしば息子たちを劇場やレースに連れていったという。どちらも父が愛したものだった。

　1915年2月、この兄弟を不幸が襲った。父親が肺炎で死去し、さらに翌年、志願兵として出征した兄が戦死する。1917年にはエンツォも招集されるが、肋膜炎を患ったため、戦線に出ることもなく終戦を迎えた。戦後、彼がまずしなければならなかったのは職探しだった。トリノに出たエンツォは、フィアットで就職を断られ、紆余曲折を経て、ようやくランチア車を改造する工場に働き口を見つける。その後、ミラノのCMN（コストルツィオーニ・メカニケ・ナツィオナーリ）に移り、テストドライバーとなったのだが、任された仕事はそれだけではなかった。

レーサー・エンツォ

　1919年10月5日、エンツォはヒルクライムで、レース・デビューを果たす。パルマ（Parma）—ベルチェト・ディ・ポッジョ（Berceto di Poggio）間を走るレースで、クラス別4位、総合11位の成績を残した。1920年からはアルファ・ロメオのドライバーを務め、ジュゼッペ・カンパーリ（Giuseppe Campari）、ガストーネ・ブリッリ-ペーリ（Gastone Brilli-Peri）、アントニオ・アスカーリ（Antonio Ascari）といったライバルと競った。1924年、ペスカーラ（Pescara）でのコッパ・アチェルボにアルファRLで出場し、メルセデスを抑えて優勝、カヴァリエーレ勲章を付与された。その前年には、サヴィオ（Savio）のサーキットでバラッカ伯爵夫妻に出逢い、闘志あふれる彼のドラ

ラスト

1931年6月14日、ボッビオ(Bobbio)ーパッソ・デル・ペニーチェ(Passo del Penice)間を駆る。3度目となるこのレースへの挑戦で、アルファ・ロメオ8C2300MMを駆ったエンツォ・フェラーリは総合優勝を果たした。これが彼にとっての最後の勝利となった。8月9日、2位となったトレ・プロビンチェ・サーキット(Tre Province)で行なわれたレースを最後に、彼はレーシングドライバーを引退した。

ビシオーネ*のチーム

上：厚い信頼を寄せたジュリオ・ランポーニ（Giulio Ramponi）はじめ、レースをアシストしたメカニックたちとともに、コッパ・デッレ・アルピ（Coppa delle Alpi）を走ったアルファ・ロメオRL SSのステアリングを握るエンツォ・フェラーリ。モンツァにて。1923年8月15日に行なわれた3000kmを走るこのレースでエンツォは、総合で4位、3000クラスでは優勝を果たした。この年、モンツァで開催されたイタリア・グランプリにも参加した。

下：アルファ・ロメオ・チームのメンバーの集合写真。左から、ジュゼッペ・カンパーリ、ルイジ・バッツィ、フェラーリ、アントニオ・アスカーリ、そしてテスト中の事故で亡くなったウーゴ・シヴォッチ（Ugo Sivocci）。彼の死に哀悼の意を表して、アルファ・ロメオはレースから撤退した。

＊ビシオーネ（Biscione）：イタリア語で蛇を意味する。ヴィスコンティ家およびミラノ市の紋章のことでもあり、すなわちアルファ・ロメオを指す。

イビングに感激した夫人から、戦死したパイロットの愛息フランチェスコが愛機に描いていた跳ね馬（カヴァリーノ・ランパンテ）を寄贈されていた。

1925年から27年まで、エンツォはレース活動を休止したが、再開した年のライバルたちには、タツィオ・ヌヴォラーリ（Tazio Nuvolari）やアキッレ・ヴァルツィ（Achille Varzi）といった、これまで以上に手ごわい相手がひしめいていた。1932年1月、息子アルフレードの誕生を機に、エンツォはレースから身を引くことを決心する。

スクーデリア

しかし彼の人生の転機は、それ以前に訪れていたのだ。1929年12月、スクーデリア・フェラーリ、正確には、ソチエタ・アノニマ・スクーデリア・フェラーリ（Società Anonima Scuderia Ferrari）が設立される。このチームでのエンツォ

の役は、彼が自任するように、"アジテーター"そのものだった。

スクーデリアはモデナのガレージ・ガッティ(Gatti)に設立された。1930年には同地のトレント＆トリエステ通り11番地のビルに移転したが、その頃、アルファ・ロメオは優秀なドライバーを切望しており、エンツォと彼のチームを雇い入れる。しかし、やがてエンツォは自身のチームを独立させる準備も始めた。この時期のドライバー・リストには、カンパーリ、ヌヴォラーリ、ヴァルツィ、アルカンジェリ、ボルザッキーニ、ファジョーリ、シロン、ブリヴィオ、モール、タディーニ、ピンタクーダ、トロッシと連なっている。

1932年、"カヴァリーノ・ランパンテ"のエンブレムを付けたスクーデリアのマシーンがデビューを飾る。しかし翌年、アルファ・ロメオがレースから退き、エンツォがスポーツ部門のディレクターとしてアルファを支えることになった。その一方で、フェラーリは同時期にレーシングマシーンの製作をスタートしていた。

1935年には、すべてがモデナで開発されたアルファ・ビモトーレが完成する。8気筒エンジンを2基搭載した6ℓの、非常にパワフルなマシーンである。このマシーンを駆ったタツィオ・ヌヴォラーリが、ふたつの世界最高速度記録を達成したが、ヘビーな車重が災いし、レースでの活躍は期待されたほどではなかった。

1937年、ジョアキーノ・コロンボ(Gioachino Colombo)が手がけた、その後のフェラーリの基盤となるパワーユニット、スーパーチャージャー付き1.5ℓV型12気筒エンジンが完成。だが1938年、スクーデリア・フェラーリ社株の80％が、再びレース参加を決めたアルファ・ロメオの手に渡ってしまう。エンツォはミラノに移ることを余儀なくされ、生まれたばかりのアルファ・コルセで采配を振ることになった。しかし、実際その期間は短かった。技術担当のウィフレード・リカルト(Wifredo Ricart)との確執が原因で、彼はアルファを去ることになったからである。エンツォは、再びモデナに戻ってきた。

しかし、彼の心がレースから離れることはなかった。問題は、アルファ・ロメオと交わした契約書に盛りこまれた、今後4年間フェラーリの名を冠するクルマの製作を禁止するという条項である。そこでエンツォは、この契約に抵触しな

モデナ人とマントヴァ人

この写真が撮影された1920年代、タツィオ・ヌヴォラーリはもっとも優秀なドライバーのひとりだった。10年後の1935年、アルファがレースからの撤退を決めると、エンツォはこのビシオーネ・チームのスポーツ部門を統括するようになる。ヌヴォラーリはフェラーリ初のレーシングマシーン、ビモトーレで世界最高速度記録を樹立。1947年7月6日、フォルリのサーキットで、マントヴァ出身ドライバー、ヌヴォラーリはフェラーリ125スポルトで優勝を果たす。

アンテプリマ

アウト-アヴィオ・コストゥルツィオーニは1939年、航空機用小型エンジンの製作を目的に設立された。1940年、フェラーリはこの仕事の一環としてミッレミリアに参加する2台のクルマを製作するが、アルファ・ロメオと交わした契約によって、トゥリング製のボディを纏ったこのクルマをフェラーリと呼ぶことはできなかった。7ページの写真はそのアウト-アヴィオ815の透視図。直列8気筒エンジンであることがわかるだろう。エンジンブロックは一体成型。キャブレターは4基。ボア×ストローク=63.0×60.0mm、排気量1496cc（これが8気筒1.5ℓゆえ815と命名された）、最高出力72ps／5500rpm。最高速度は約165km/h。サスペンションはフロントが独立、リアは固定／縦置きリーフ。ホイールベース2.42m、トレッド1.24m、車重450kg。

い方法で新しい仕事の模索を始めた。

アウト-アヴィオ・コストゥルツィオーニ

1939年9月1日、スクーデリア・フェラーリの本拠地を利用して、アウト-アヴィオ・コストゥルツィオーニが誕生する。この会社の目的はイタリア空軍の練習機用に小型の4気筒水平対向エンジンを製作することだったが、エンツォはその仕事に専念できないようだった。

1940年、ミッレミリアに向けてマシーンを製作する。モデル・ブレシアと称されるスタイルのこのマシーンは、一般的にはティーポ815と呼ばれる、事実上のフェラーリ1号車である。ボディはトゥリング（Touring）製で、出力72psの直列8気筒1500cc（"815"の由来）である。シリンダーヘッドをはじめ、ほとんどのパーツがフィアット製で、アルベルト・マッシミーノ（Alberto Massimino）が設計を担当した。

1940年4月28日、場所はブレシア——。2台のマシーンがミッレミリアを走った。どちらも完走こそできなかったが、ここからコンストラクターとしてのフェラーリの歴史は始まったのである。

フェラーリ誕生

1943年、活動拠点をマラネロに移し、ボールベアリング用油圧研磨機のライセンス生産を始める。モデナで40人ほどだった従業員は、マラネロに移ってからは160人にまで増えていた。

戦争が終わり、再び自動車製作を夢みたエン

ツォは、1945年夏、ジョアキーノ・コロンボに1.5ℓV型12気筒エンジンの開発を依頼する。翌年、ジュゼッペ・ブッソ（Giuseppe Busso）がモデナにやってくる。完成を前にアルファに戻ったコロンボに代わり、作業を受け継いだのがこのブッソである。1946年9月26日、ついに新しい12気筒エンジンはテストベンチに上がった。

新しいフェラーリが公道を走ったのは、そのテストからおよそ5ヵ月後のことだった。125Sと名づけられたこのクルマは、出力100psの2シーター・スポーツである。1947年5月11日には、フランコ・コルテーゼ（Franco Cortese）がステアリングを握り、ピアチェンツァのサーキットでデビューする。すばらしいレース展開を見せたが、燃料系にトラブルが生じて完走できなかった。だがエンツォはこのことについて、「勇気を与えてくれたレースだった」とコメントを残している。2週間後の5月25日、ローマ・グランプリで、再びコルテーゼが125Sを駆り、フェラーリが待ちわびた、初の勝利をもたらした。

1948年、今度はブッソがアルファに戻り、反対にコロンボがフェラーリに帰ってくる。コロンボに与えられた使命は125Sの改良とV12を搭載した新しいクルマの開発で、よりパワフルでスピーディ、技術的に洗練されたエンジンであること、というのが目標だった。翌年、いよいよフェラーリ初のロードゴーイングカー、すなわちストラ

無念
1940年4月28日、アルベルト・アスカーリはジョヴァンニ・ミノッツィと組み、第13回ミッレミリアに出場する。もう1台の815のステアリングを握ったのはロタリオ・ランゴーニ・マキャヴェッリ侯爵。侯爵と組んだのは、のちにウッド製ステアリングホイールで知られるようになるエンリコ・ナルディ（Enrico Nardi）だった。どちらの815も完走を果たすことはできなかった。

いよいよ、フェラーリ

1947年3月12日、マラネロ。自身の名を冠する初めてのレーシングマシーンに乗るエンツォ・フェラーリ。125Sのデビューは1947年5月11日、ピアチェンツァ・サーキットにて。ステアリングを握ったのはフランコ・コルテーゼ。ラスト3周を残して無念のリタイア。しかし、5月25日に行なわれたローマ・グランプリではフェラーリに初の勝利をもたらした。

ダーレ仕様の166インテルが完成したが、このインテルこそ、紛れもなくレーシングカーから生まれたグラントゥリズモであった。

このときからエンツォ・フェラーリの人生はゆっくりと、成功、名声、金、そして勝利に向かって進みはじめた。彼の創るグラントゥリズモは羨望の的となり、世界中の人々が欲しがった。エンツォという人間の性格や個性、指揮官としての人並みはずれた才能が、自動車史のなかで圧倒的な輝きをもって語られるようになるのである。1988年8月14日、90年にわたって燃え続けた彼の命の灯火が消えるその日まで──。

ブランド
コメンダトーレ（指揮官）は自身の名字（左は自筆サイン）を、スポーティ、クラス（階級）、勝利、エスクルーシヴの象徴に仕立てあげる。そして、それは彼自身の存在の証となったのだ。

166インテル 1949〜1950

レースの血統
最初の166インテル（右の写真は1950年型ヴィニャーレ・ボディ）は1949年初めに登場した。この時代のフェラーリのコンペティツィオーネと強い結びつきがある。
下：166MMのスパイダー・ルッソ（Spider Lusso）。1949年にトゥーリングが製作した。

　どんな家族にとっても最初の子供というのは特別な存在だ。フェラーリ初のストラダーレ、166インテルの場合も例外ではない。
　このクルマのシンプルなスタイリングを見るかぎり、祖先は166スポルトのように思われるが、同時に初期の"ロッソ"たち、125S、166F2、159S、166MMといったコンペティツィオーネの血もまちがいなく受け継いでいる。実際、166インテルにストラダーレらしさを見いだすことは難しい。最高出力90ps、最高速度170km/hという性能は、第二次大戦直後のスポーツカーとしてはトップの部類に入るクルマである。

　この時代、イタリアの街には瓦礫があふれ、食料も不足していた。にもかかわらず、フェラーリはすでに、日常の足とはほど遠いところにある、限られた人間のクルマであった。なにより、インテルというこの名前——195、212にも受け継がれることになるこの名前が、数年のうちに極めて特別なものとなっていく。
　コンストラクターとしての最初の経験からエンツォは、メカニカル部分もシャシーもコンペティツィオーネから転用すること、そして、扱いやすいようにエンジンをデチューンすることのメリットを学んだ。これは30年も前にエットーレ・ブガッティが行なっていたことで、実際ごく内輪の席でエンツォは、コンペティツィオーネからストラダーレを生み出すことのメリットをブガッティから学んだと語っていたという。高いプレスティッジを持ったクルマながら、レーシングカーよりマイルドに仕上げたスポーツカー、豪華さも取り入れたもの——そういうクルマのクライアントは確実にいた。VIPと呼ばれる人々、貴族の末裔、野心家、プレイボーイ、実業家などである。クルマは彼らの華やかな人生を映しだすものでなければならなかった。彼らは人前に出るときに見せびらかすクル

マが必要だったし、反対にスロットルペダルを床まで踏みつけるようなシチュエーションも求めていたのだ。そういう人々にとっての、166インテルであった。

デビューに先駆けて166インテルは1948年のトリノ・ショーで公開された。心臓部に置かれたのは、信頼性が高くパワフルなV型12気筒ユニットで、設計はジョアキーノ・コロンボが担当した。8気筒のアウト-アヴィオ・コストゥルツィオーニ815を別にすれば、フェラーリが製作した初めてのエンジンだった。

V12ユニットを搭載したフェラーリの排気量は、125にも採用された1500ccからスタートしたが、1947年9月、2ℓエンジンが搭載され、これがトリノ・グランプリを制覇する。フェラーリにとってはV12エンジンの長い歴史のはじまりだった。なお、166というモデル名は1気筒あたりの排気量を示すもので、「166」に気筒数12を掛けた数が総排気量（およそ1995cc）となる。

1949年のはじめ、166コンペティツィオーネから転用開発された2ℓエンジンを搭載したストラダーレの生産準備が始まる。記念すべき1号目のシャシーナンバーはC/N005Sである。このスポーツカーのドライビングは非常に軽快で、ショートホイールベースがハンドリングの良さを際立たせた。ボディをアルミ製にすることで、車重を800kgまで軽量化している。特にストレートとコーナーが混在するツイスティなコースでの敏捷性が光った。クライアントはギア比を好みにあわせて選ぶこともできた。

1950年、メカニカル部分がモディファイを受ける。エンジンがパワーアップして（5ps）、最高速度も高まったものの（約10km/h）、そのぶん敏捷性が殺がれた。反面、タイアは太くなり（5.50×15→5.90×15）、これによりロードホールディングが向上した。

もっとも愛されたクルマ

この時代の著名なカロッツェリアが競って166インテルのボディワークを手がけ、すばらしいクルマをいくつも生みだした。なかでももっとも高い評価を受けたのは、トゥリングが製作したボディだろう。特に写真のクーペは極めて貴重な一台で、1948年のトリノ・ショーで発表された、スポルト・ラインを持つ最初の1台（現存わずか1台のみ）。製作されたのは計3台で、このミラノのカロッツェリアはいくつかの新しい試みを見せているが、なかでもワイア・タイプではなく、軽量穴付きプレスホイールは非常に新鮮だった。

テクニカルデータ
166 インテル（1949）

【エンジン】＊形式：60度V型12気筒／縦置き ＊ボア×ストローク：60.0×58.8mm ＊総排気量：1995cc ＊最高出力：90ps／5600rpm ＊圧縮比：7.0：1 ＊タイミングシステム：SOHC／2バルブ／チェーン駆動 ＊燃料供給：ツインチョーク・キャブレター ウェバー32DCF×3基

【駆動系統】＊駆動方式：RWD ＊変速機：5段 ＊クラッチ：乾式単板 ＊タイヤ：（前後）5.90×15

【シャシー／ボディ】＊形式：スチール製ラダーフレーム＋アルミボディ／2ドア・クーペまたはスパイダー ＊乗車定員：2名 ＊サスペンション：（前）独立Aアーム／横置きリーフ，油圧レバー式ダンパー （後）固定トランスバースアーム／縦置きリーフ，油圧レバー式ダンパー ＊ブレーキ：ドラム ＊ステアリング：ウォーム・ローラー

【寸法／重量】＊ホイールベース：2500mm ＊トレッド：（前）1270mm （後）1250mm ＊車重：900kg

【性能】＊最高速度：180km/h

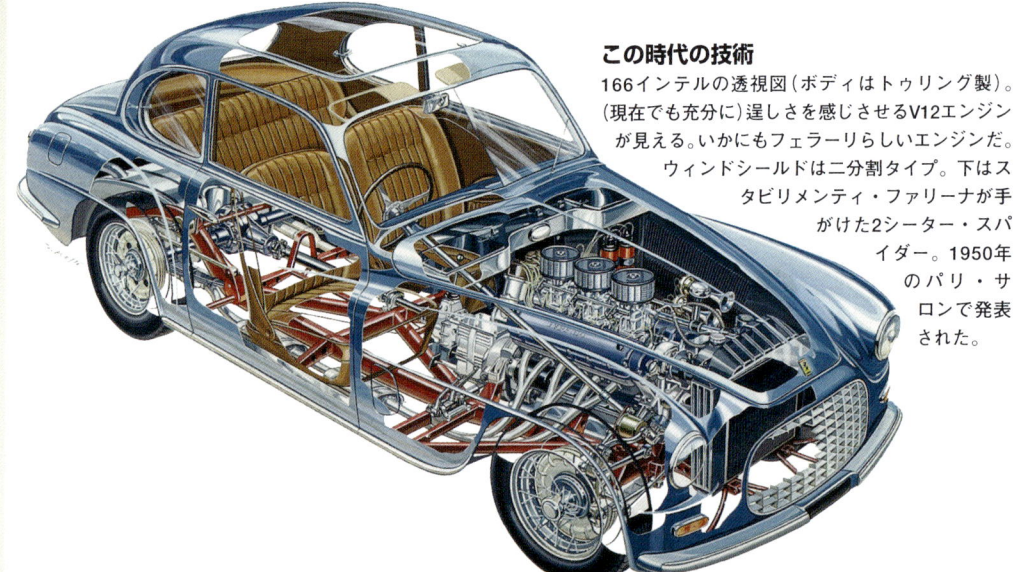

この時代の技術
166インテルの透視図（ボディはトゥリング製）。（現在でも充分に）速しさを感じさせるV12エンジンが見える。いかにもフェラーリらしいエンジンだ。ウィンドシールドは二分割タイプ。下はスタビリメンティ・ファリーナが手がけた2シーター・スパイダー。1950年のパリ・サロンで発表された。

166は、ヴィニャーレ（Vignale）、ギア（Ghia）、トゥリング（Touring）、ベルトーネ（Bertone）、スタビリメンティ・ファリーナ（Stabilimenti Farina）、アレマーノ（Allemano）といった、この時代の著名なカロッツェリアがボディを製作している。その形状はクーペが主流だったが、カブリオレや2シーター、2＋2もわずかながら存在した。いずれもクライアントのリクエストに応えるかたちで製作されたワンオフだった。

デザインは、戦後に製作されたクルマの典型的なラインを持ちつつ、反対にこの時代には珍しいフォーマルな雰囲気も兼ね備えている。トゥリングがカブリオレに採用した穴あきプレスホイールは新しい試みといえるだろう。そう、まさにこのトゥリングこそ、166インテル成功における立役者で、トゥリングが手がけたボディがもっとも光輝いていた。ヴィニャーレのデザインは張りつめたラインが特徴で、リアにボリュームがある。ベルトーネの手がけた166インテルは1台のみ、フロントがスクエアで、大きなグリルが目を惹く。ウィンドシールドは二分割スプリットタイプ、もしくは1枚のフラットタイプが主流で、これはまだこの時代では、曲面ガラスの製作が難しかったせいだろう。

166インテルは、ミッレミリア、タルガフローリオ、ルマンでの活躍がうまく販売に結びついた。といっても、まだマーケットがごく小さかった時代のことで、生産台数は36台ほどだった。生産は1950年まで行なわれた。

212インテル 1951〜1952

すべての面で数字が増えた——。同じインテル、同じフェラーリのストラダーレだが、名称が166から212に変更された。また、製作されたのは2年間のみだったが、166の36台から一気に80台に生産台数が増加した。増えたのは台数ばかりではない。出力が150psに増強されたことで最高速度も高まり、なんと200km/hを達成したのだ。この時代、誰もが夢みた数値だった。

166インテル同様、マラネロではシャシーまでを造り、ボディデザインとその製作はこの時代の著名なカロッツェリアの手に委ねた。212の場合はギア、ヴィニャーレ、トゥリングが手がけたが、忘れてはならないのがピニン・ファリーナ（Pinin Farina）である。まさにこのモデルから、フェラーリとピニン・ファリーナの現在にまで続くコラボレーションが始まったのだ。

ボディ・バリエーションは2タイプで、クーペとコンバーティブルが用意されたが、どちらもエレガントなデザインだ。2シーターのほかに、4シーターも登場した。いや、212インテル・ギアについては4シーターではなく2+2と呼ぶべきだろう。

エンジンのベースとなったのはコロンボが設計したV型12気筒だった。このエンジンのメリットは、シリンダー壁が肉厚だったため、ボアを大きくすることができる点で、これを活かし、コンロッドに手を入れることなく、ストロークは58.8mmのまま、ボアを65.0mmに拡大してパワーを稼ぎだした。166インテルからパワーアップし、195インテルで135psに向上したのは、

海外へ
上：アルゼンティンのペロン大統領のためにギアが製作したツートーンの212インテル。1952年のパリ・サロンで発表されたもの。このクルマのデザインにはクライスラーのチーフ・デザイナーのヴァージル・エクスナー（Virgil Exner）も参加した。
左：同じく1952年にはトゥリングがバルケッタを発表。ほかにもピニン・ファリーナ、イギリスのアボット（Abbott）、ヴィニャーレが手がけたが、なかでもヴィニャーレのそれがもっともオリジナルを活かした点で成功している。

テクニカルデータ
212インテル（1951）

【エンジン】＊形式：60度V型12気筒／縦置き ＊総排気量：2562cc ＊ボア×ストローク：68.0×58.8mm ＊最高出力：150ps/6500rpm ＊圧縮比：7.5：1 ＊タイミングシステム：SOHC／2バルブ／チェーン駆動 ＊燃料供給：ツインチョーク・キャブレター ウェバー32DCF×3基

【駆動系統】＊駆動方式：RWD ＊変速機：5段 ＊クラッチ：乾式単板 ＊タイヤ：(前後) 5.90×15

【シャシー／ボディ】＊形式：スチール製ラダーフレーム＋アルミボディ／2ドア・クーペまたはスパイダー ＊乗車定員：2名または4名(2+2) サスペンション：(前) 独立 Aアーム／横置きリーフ、油圧レバー式ダンパー (後) 固定 トランスバースアーム／縦置きリーフ、油圧レバー式ダンパー ＊ブレーキ：ドラム ＊ステアリング：ウォーム・ローラー

【寸法／重量】＊ホイールベース：2600mm ＊トレッド：(前) 1270mm (後) 1250mm ＊全長×全幅×全高：3759×1559×1295mm ＊車重：1000kg

【性能】＊最高速度：200km/h

デビュー
1951年のトリノ・ショーで発表された212インテルは、ヴィニャーレが手がけたツートーンのクーペだった（下）。ヴィニャーレはこの時期、フェラーリと強く結びついていた。左は1952年型の透視図。

この設計変更の恩恵である。

195インテルは166から212に移行するための過程で生まれたもので、インテル・ファミリーの象徴的な存在だ。デビューを飾ったのは1951年のブリュッセル・ショーだったが、すでに前年の6月から生産がスタートしていた。数ヵ月後、ボアが65.0mmから68.0mmに拡大される。15ps増えたことで最高出力は150psに達した。この時代としては驚くべき数値だった。

さて、212インテルが発表されたのは、1951年10月4日のトリノ・ショーだった。このフェラーリはトゥール・ド・フランスに参戦した212エクスポルトのストラダーレで、ひと月前に行なわれたこのレースに参加した3台のエクスポルトは、いずれも入賞を果たしている。レースで活躍したクルマを生産モデルとして発表するのが、当時のフェラーリのビジネス手法だったのである。

ボディを手がけたカロッツェリアのなかでは、ヴィニャーレのデザインが注目を集めた。ヴィニャーレのクーペは、リアのフェンダーからボディ中央までのラインがうまく調和しており、旧き良き時代のスポーツカーを彷彿させる仕上がりになっている。ホイールはボラーニ(Borrani)製でクロームがふんだんに使われている。室内はレザーで調えられ、1950年代はじめの他のラクシャリーカー同様、オプションとしてナルディ製ウッド・ステアリングホイールが用意された。シャシーはエクスポルトからの転

用だが、乗り心地を向上させるため、350mm延長されている。車重はコンペティツィオーネより増加しているが、それでも1000kg以内に収められた。

212インテルは一台一台が微妙に異なる。生産ペースは1週間に2台で、このペースでは、生産水準を一定に維持するのは不可能だった。実際、何台かのモデルではホイールベースが2.6m以上になっていたし、212エクスポルトのエンジンそのものを搭載したモデルもあった。その後、212インテルのキャブレターはウェバーDCFが3基となり、口径32mmから36mmに変更され、したがって性能も高まった。

クーペもしくはコンバーティブル

左:ヴィニャーレの作品。ロングノーズに、ふんだんに光の入るキャビンが特徴。ピラーが細く、ウィンドーが大きい。トランクは1週間の旅行必需品がなんとか収まる程度。フロントグリルは大きな楕円形。
上:ピニン・ファリーナ製212インテル(1952年6月)。

340／342／375 アメリカ 1951～1954

至高の美しさ

1954年10月のパリ・サロンにて、375MMクーペ・ピニン・ファリーナが展示された。現在でも、自動車史上もっとも美しいクルマの一台といわれるワンオフ（シャシーナンバー0456AM）。ローマ出身の映画監督、ロベルト・ロッセリーニが女優のイングリッド・バーグマンのためにオーダーした。アメリカのシャシーを使い、改良された375MMベルリネッタ（340ps）のパワーユニットを搭載したストラダーレ。ライトの扱い、ルーフにまで回りこんだリアウィンドー、ルーフからリアに延びるフィンなど、興味深いデザインが随所に見られる。フェラーリとピニン・ファリーナが手を取り合って仕上げたオペラのなかでも、もっとも評価の高い一台だ。

終戦から時を経るにしたがい、人々の暮らしも上向きはじめた。フェラーリはこの時代にあわせた努力を求められることになる。

アメリカ市場におけるカヴァリーノ・ランパンテの販売は、ルイジ・キネッティ（Luigi Chinetti）が仕切ったが、アメリカでフェラーリを売るにはクルマに強烈なキャラクターを与える必要があると彼は訴えた。曰くパワフルなエンジン、強大なパワー——こうして340アメリカが誕生する。ミッレミリアや、ドロミテで行なわれるコッパ・ドーロ（Coppa d'Oro）にぴったりな、ストラダーレの皮を被ったスポーツモデルである。

1950年10月のパリ・サロンでフェラーリは、フルシンクロの5段ギアボックスを持つ4.1ℓのスポーツカーを発表したが、翌年、トゥリングがこのクルマのシャシーとメカニズムをもとに生みだしたのが340アメリカだった。それは右ハンドル仕様の2シーター・バルケッタとなって、1951年のトリノ・ショーに運ばれる。バルケッタ・ボディのフェラーリとしては頂点に君臨するほど美しいデザインだったが、それでも340アメリカはエンジンがすべてというモデルだった。フードの下にはこれまでのフェラーリ・ストラダーレとは一線を画すV12が隠されていたのだ。

大パワーのこのV12を設計したのはアウレリオ・ランプレディ（Aurelio Lampredi）である。当初4.1ℓだったエンジンは、F1で圧倒的な強さを発揮していたアルファ・ロメオを打ち倒すために4.5ℓに拡大された。ジョアキーノ・コロンボの"ピッコロ"V12ではアルファを倒すことはできないと判断されたためである。また、出力は220psから230psに向上し、最高速度はなんと240km/hにまで達した。この数値は圧倒的で、ライバルへショックを与えるには充分だった。

ヴィニャーレやギアもボディを手がけた。ヴィニャーレはクロームをふんだんに使ったクーペを仕立てあげ、ギアは2+2とタイトな2シーターを製作した。

1952年、340アメリカは342アメリカに生まれ変わる。おもな違いはまず、右から左へ移動したステアリングの位置と、4段になったギアボックスである。いや、実際にはこの2台はまったく別のクルマと捉えるほうが正しい。なによりまず、342アメリカは純然たるストラダーレだ。公表された最高速度186km/hがそのことを明示している。車重は300kg以上増加し、パワーは340の230psに対し342は200ps（排気量は双方とも同じ4101cc）と低下した。また、ホイールベースが長くなったことにより、トリッキーなコースでの敏捷性は損なわれた。

342アメリカのライフサイクルは非常に短いもので、1952年の10月に始まり翌年の1月には

テクニカルデータ
340アメリカ（1951）

【エンジン】＊形式：60度V型12気筒／縦置き／総排気量：4101cc ＊ボア×ストローク：80.0×68.0mm ＊最高出力：230ps／6000rpm ＊圧縮比：8.0：1 ＊タイミングシステム：SOHC／2バルブ／チェーン駆動 ＊燃料供給：ツインチョーク・キャブレター×3基

【駆動系統】＊駆動方式：RWD ＊変速機：5段 ＊クラッチ：乾式単板 ＊タイヤ：（前後）6.40×15

【シャシー／ボディ】＊形式：スチール製ラダーフレーム＋アルミボディ／2ドア・クーペまたはスパイダー ＊乗車定員：2名 ＊サスペンション：（前）独立Aアーム／横置きリーフ，油圧レバー式ダンパー（後）固定トランスバースアーム／縦置きリーフ，油圧レバー式ダンパー ＊ブレーキ：ドラム ＊ステアリング：ウォーム・ローラー

【寸法／重量】＊ホイールベース：2420mm ＊トレッド：（前）1278mm（後）1250mm ＊車重：950kg

【性能】＊最高速度：240km/h

王様のカブリオレ

上もピニン・ファリーナのすばらしい作品。ホイールベース2.6mのこのカブリオレは、1954年にベルギーのレオポルド王のために製作された。4.9ℓのエンジンは375プラスからの転用で最高出力330ps。左は元レーシングドライバーのルイジ・キネッティ（1932／34／49年のルマンで優勝、1932／34年はアルファ・ロメオで、1949年はフェラーリで制覇した）。ミラノ出身の彼こそが、アメリカにおけるカヴァリーノ・ランパンテ成功の最大功労者だ。写真のクルマは340アメリカ・スパイダー・ヴィニャーレ。撮影されたのは1952年3月に開催されたニューヨーク・モーターショーの前日である。

生産終了という、わずか4ヵ月にすぎない期間だった。マラネロで生産されたのは合計6台だが、そのうち5台がピニン・ファリーナ製ボディで（2台製作されたカブリオレの1台は、ベルギーのレオポルド王のもとに届けられた）、ヴィニャーレは1台のみだった。

1953年、342アメリカは大排気量の375アメリカに道を譲る。この年のパリ・サロンで公開されたアメリカ市場専用モデルである。製作されたのは2年間（1954年5月まで）で、わずか12台だった。そのうち9台をピニン・ファリーナが手がけ（すべてクーペだったが、それぞれ少しずつ異なっている）、ヴィニャーレはクーペとカブリオレを1台ずつ製作した。ミケロッティ（Michelotti）もカブリオレを1台製作している。

このクルマの特徴はボディのすばらしいデザインにあるといえるだろう。エンジンは300psを発する4.5ℓで、車重1150kgのボディを最高速度250km/hで走らせるには充分なパワーを備えていた。また、アメリカ向けだけあって、ホイールベースは2.8mと長い。これはフェラーリらしからぬ長さといえる。

1954年のパリ・サロンでは、375ファミリーの一番星と呼ぶにふさわしい一台が発表される。ピニン・ファリーナが手がけた375MMである。自動車史上、もっとも美しいクルマとしてノミネートされる一台だ。女優イングリッド・バーグマンのために、映画監督ロベルト・ロッセリーニが依頼したワンオフモデルだった。

ディテールに違い
342アメリカをベースにしてピニン・ファリーナは2台のカブリオレを製作した。1台はフェラーリのファンだったベルギーのレオポルド王の手に渡った。ほかに3台のクーペも手がけたが、それぞれディテールに違いが見られる。1台目（0240AL／写真）と2台目（0242AL）の違いはフード上のエアインテーク。3台目（0246AL）はリアウィンドーが異なる。

250 1953〜1964

新時代開幕

250GTの登場によって、フェラーリはグラントゥリズモの歴史の1ページを開いた。250エウローパ（21ページ）をベースに生まれたモデルだったが、ホイールベースは短く、当初225psだったエンジン（"コロンボ"のV12）は240psにパワーアップが図られた。1954年のパリ・サロンでデビューを飾った。
右と下の写真はピニン・ファリーナのクーペ、1954年と1956年型。右下はフェラーリ初のシリーズ生産車となった1958年の250GTピニン・ファリーナのスペシャル・バージョン（シャシーナンバー0945）。

　1953年はフェラーリがサーキットで大暴れした年だった。アルベルト・アスカーリが前年に続いてフォーミュラ1を制覇。ミラネーゼ（ミラノ出身）のアスカーリはまさに向かうところ敵なし、世界一のドライバーにのしあがった。くわえて、この年には他にも重要なエピソードがあった。それはおそらく、レース制覇よりも重要な出来事といえるのではないだろうか。フェラーリにとってはストラダーレの真の起源ともいうべき、会社に（商業面、経営面の双方）幸運をもたらすことになるスポーツカーが誕生したのだ。
　そのクルマの名は250――1964年までカタログにその名を連ね、なんと合計で2500台あまりが生産されたフェラーリである。そのサクセスストーリーは250エウローパから始まる（米国市場をターゲットにした"アメリカ"に対抗して製作されたヨーロッパ市場専用モデル）。

デビュー

250エウローパはフェラーリが初めてビジネス戦略車として世に送りだしたモデルだ。342アメリカの後継車、375アメリカとエンジン以外は基本的には同じ。250エウローパのエンジンはランプレディが手がけたV12で、最高出力200ps、最高速度210km/hを誇った。世界に向けてのお披露目は1953年10月のパリ・サロン。ミケロッティがデザインし、ヴィニャーレが製作したモデルが公表された。左の写真は同じく1953年のトリノ・ショーで発表されたピニン・ファリーナ製のモデル。合計で22台製作された250エウローパのうち、14台がこの仕様だった。

イギリスを見ながら
右：1957年パリ・サロンにて、ピニン・ファリーナは250GTコンバーティブルを発表。イギリスのオープンモデルにヒントを得たデザインだったが、クーペとの違いはルーフがキャンバストップに変わった程度だった。
下：1960年のハードトップ・モデル。

1953年秋、フェラーリは値段を極端につりあげることなく、世界のそれぞれのマーケットに見合ったストラダーレの生産を決定する。この目標を達成するため、エンツォは部品の共用を思いついた。こうして誕生したのが、エンジン以外はすべて共通の375アメリカと250エウローパだった。1気筒の排気量で表わすモデル名が示すとおり、375は4.5ℓ、妹分の250には3ℓのエンジンが搭載された。新たにチューブラーフレーム・シャシーが採用され、ホイールベースを2.8mとし（"ロッサ"の歴史のなかでもっとも長い部類に属する）、これによって375にボリュームのあるパワー・ユニットを収めることが可能となった。エウローパもまた姉同様、エンジンはランプレディが設計したボア68.0mm、ストローク68.0mmのV12を搭載している。

公式のお披露目は1953年10月のパリ・サロンで行なわれた。ヴィニャーレがボディを手がけ、ジョヴァンニ・ミケロッティ（Giovanni Michelotti）がデザインを担当した。非常にアグレッシヴなラインで、そこかしこに使われたクロームが目を惹く。200psの最高出力をもって、最高速度210km/hを叩きだす。なお、22台製作されたうち、14台をピニン・ファリーナが手がけた。

デザイン的にもメカニズムにも旧さが目立ちはじめた250エウローパに再生手術が施され、1954年、250GTとなって登場する。現在もフェラーリの歴史にマイルストーンとして燦然と輝

き、その後のモデルにも強い影響を与えた重要モデル、それが250GTだった。

250エウローパとの違いはふたつある。まず、エンジンは相変わらず3ℓだが、ランプレディのものではなく、コロンボの設計をベースとしている（排気量は2963ccではなく2953cc）。次に、ホイールベースは2.8mではなく2.6mを選び、これにより敏捷性の向上をみた。1950年代の新しいドライビング・スタイルを求めるドライバーにふさわしいスポーツカーに変身したのである。

1950年代はグラントゥリズモの時代だった。正しく言うなら「グラントゥリズモ」が固有名詞となった時代で、車名にグラントゥリズモと入れるのが流行した。フェラーリは、豪華でパワフル、エスクルーシヴなモデルにグラントゥリズモと名づけたのだが、グラントゥリズモはハイスピードでの旅を約束し、すばやく国から国へと移動する、そんな旅行を実現させた。戦争で分断した国が再び繋がる時代になったのだ。

250GTがデビューを飾ったのは1954年のパリ・サロンであった（最初の車名は250エウローパGTだった）。初期モデルの出力は225psだったが、その後240psに向上する。ホイールベースは短くなり、シャシーのサイドメンバーがはじめてリアアクスルの上を跨ぐようになった。ギアボックスは4段で、乾式多板クラッチが採用されている。いずれも342アメリカからの流用だが、少々驚かされるのはフロントサスペンションが横置きリーフから、ダブルウィッシュ

フランス制覇
1958年、フェラーリは250GTの軽量バージョンを発表。GTレース用のモデルだ。デザインはピニン・ファリーナで、ボディ製作と組み立てはモデナのスカリエッティが担当した。250GTベルリネッタはその後、レースでの勝利を祝して250TDF（トゥール・ドゥ・フランス）と呼ばれるようになった。

オープンの魅力
240psにデチューンされたベルリネッタのメカニカル・コンポーネンツを積む250GTスパイダー・カリフォルニアがデビューしたのは1958年。永遠に愛されるクラシック、そんな宿命を背負ったモデルだった。アメリカ市場とスポーティ・ドライビングを考慮して、2.65mのホイールベースはのちに短縮される。ベルリネッタ同様、デザインはピニン・ファリーナ、ボディ製作はスカリエッティ。

テクニカルデータ
250スパイダー カリフォルニア（1958）

【エンジン】＊形式：60度V型12気筒／縦置き ＊総排気量：2953cc ＊ボア×ストローク：73.0×58.8mm ＊最高出力：240ps／7000rpm ＊圧縮比：9.0：1 ＊タイミングシステム：SOHC／2バルブ／チェーン駆動 ＊燃料供給：4バレル・キャブレター ウェバー36DCL／3×3基
【駆動系統】＊駆動方式：RWD ＊変速機：4段 ＊クラッチ：乾式単板 ＊タイア：（前後）6.00×16
【シャシー／ボディ】＊形式：スチール製ラダーフレーム＋アルミボディ／2ドア・スパイダー ＊乗車定員：2名 ＊サスペンション：(前)独立 ダブルウィッシュボーン／コイル, テレスコピック・ダンパー (後)固定 トランスバースアーム／縦置き楕円リーフ, テレスコピック・ダンパー ＊ブレーキ：ドラム（後にディスク）＊ステアリング：ウォーム・ローラー
【寸法／重量】＊ホイールベース：2600mm ＊トレッド：(前)1354mm (後)1349mm ＊全長×全幅×全高：4400×1650×1400mm ＊車重：1075kg
【性能】＊最高速度：240km/h

流線型
上：1957年に製作され、翌年に販売された7台の250GTスパイダー・カリフォルニアはすべて流線型のライトを装着。
下：1959年にスカリエッティが製作した、パワーアップしたエンジンを搭載する27台のライトは、流線型ではなく突き出たタイプだった。

ボーンとコイルに改められている点だろう。デビュー当初217km/hだった最高速度は、その後、240km/hにまで向上した。しかし、安定した台数でシリーズ生産を行なうには時期尚早だったようで、総生産台数は36台ほど、そのうち26台がピニン・ファリーナの手による。

1956年、フェラーリはマリオ・ボアーノ（Mario Boano）にデザインを依頼し、この年の3月、ジュネーヴ・ショーで250GTボアーノをデビューさせる。ピニン・ファリーナが製作を担当したプロトタイプだったが、これがプロダク

ション・モデルとして2年の間に120〜130台、生産されたのである。フェラーリにとっては初めての数字で、記録に残る出来事となった。スタイリングはスクエアで、1958年の250GTⅡを彷彿させる。1957年半ば、マリオ・ボアーノはフィアット・デザインセンターのディレクターに就任、代わってフェラーリのデザインを担当することになったのはエツィオ・エレーナ（Ezio Ellena）である。こうして誕生したのが250GTエレーナで、広いキャビンを確保するために高くしたグリーンハウスが特徴だった。生産は1958

ショートホイールベース
1959年、改良されたロングホイールベースのスパイダー・カリフォルニアは、1960年1月に生産終了となり、かわって3月、ジュネーヴ・ショーでショートホイールベース（2400mm）仕様がデビュー。パワーアップしたエンジンを搭載するこのモデルの生産は、1962年終わりまで続けられた。

偉才
上：バティスタ"ピニン"ファリーナとエンツォ・フェラーリ。自動車の歴史を創ったふたりの男。このふたりが組んだことで伝説が生まれた。
右：1960年の250GTE2+2、もちろんピニンファリーナ(この年からピニンとファリーナが続けて表記されるようになった)のデザイン。フェラーリにとっては初の4シーターのシリーズ生産車(1963年までに950台生産された)。シャシーは手直しが必要だった。

年半ばまで続けられ、70〜80台がボアーノ、50台あまりがエレーナに仕上げられた。

1957年にはパリ・サロンで、ピニン・ファリーナの手による250GTコンバーティブルがデビューする。イギリスのオープンモデルからヒントを得たスタイリングだったが、クーペとの違いはわずかで、メタルルーフがキャンバストップに変更された程度だった。

かわって翌年は、注目すべき改良が行なわれた年であり、3つのモデルがデビューする。1台目の250GTベルリネッタは、デザインをピニン・ファリーナが手がけ、製作をモデナのスカリエッティ(Scaglietti)が担当した。250GTを軽量化したモデルで、最高出力280ps、最高速度270km/h、ますます白熱するGTレースでライバルを打ち負かす使命が与えられていた。トゥール・ド・フランス制覇ののち、この記念すべきレースでの勝利を祝して250トゥール・ド・フランスもしくはTDFと呼ばれるようになった。多くのプライベート・ドライバーがレースに参加するためにこのクルマを購入した。

1958年、ピニン・ファリーナがクーペ・ストラダーレをさらに改良し、セカンド・シリーズとして発表する。それが250GTピニン・ファリーナだ。そのスタイリングはいっそうスリムに、モダーンになった。出力240psで、いともたやすく250km/hに到達することができた。このクルマこそ、フェラーリのシリーズ生産車第1号と呼ぶべきもので、3年間に350台が生産された。同時に、北イタリアのピエモンテ地方にあるピ

ニン・ファリーナの工場で製作された初のエクスクルーシヴ・モデルであった点も見逃せない。

1960年にはマイナーチェンジを受け、ギアボックスは4段になり、3速と4速に作用する電磁式オーバードライブが装着された。スパークプラグがエンジンバンクの内側に配置され、ダンパーがテレスコピック式に変更された。

1958年型のマラネロ製GT（生産開始は1957年末）のなかでもっとも魅力的なモデルといえば、まぎれもなく**250GTスパイダー・カリフォルニア**だろう。タイトな2シーターのスパイダーで、スポーティ・ドライビングを愛するクライアントから熱烈に歓迎されたモデルだ。ベルリネッタのメカニズムを受け継ぎ、出力は240psにデチューンされている。その後、280psまで引き上げられ、またデビュー当時、2.6mだったホイールベースは2.4mにまで短縮された。

パッソ・コルト
1961年、250ベルリネッタ・パッソ・コルト（もしくはSWB）が登場。コンペティツィオーネ・バージョンの凄い奴。豪華バージョンのルッソも用意された。このルッソ（写真）はバンパー、昇降式サイドウィンドー、レザー・インテリアが追加されている。この年、ストラダーレは37台、コンペティツィオーネは27台生産された。

ワンオフ
右は1961年のロンドン・ショーのためにピニンファリーナが製作したクーペ（2821 GT）。シャシーは250GTカブリオレのもの、デザインは400Sを想起させる。

珍しい
ベルトーネが手がけたフェラーリは少ない。そんななかで、右は250SWBをベースにしたクーペ（上はコンペティツィオーネの透視図）。当時、ベルトーネのデザイナーだったジョルジェット・ジウジアーロがフェラーリのために手がけ、1960年のジュネーヴ・ショーで公開された。

アメリカ市場向けに用意されたこのスパイダーは、時代を問わず、世界中で愛されるドリームマシーンだ。スカリエッティが製作したが、デザインはピニン・ファリーナが担当、大ヒットとなって、生産は1962年まで続けられた。

さて1959年、250GTコンバーティブルIIが登場する。ひとめでそれとわかるはっきりとしたストラダーレらしい個性を持つモデルだ。エンジン、シャシーはともにクーペからの転用で、同様にディスクブレーキ（ダンロップ製）が採用されている。このコンバーティブルもまた商業的に大成功を収めた。ファースト・シリーズの40台を含め、合計で200台が造られ、カリフォルニアとともに1962年まで生産が続けられた。

1960年、250GTに2座追加される。これが

250GTE2＋2である。デザインはまたもやピニンファリーナ（この年から正式に名字がひと綴りになった）。フェラーリにとっては初の4シーター・シリーズ生産車となる（それまではさまざまなカロッツェリアによる独自製作だった）。

ホイールベースは変わらないが、ワイドなロングボディを持つ。これはもちろんリア・スペースを確保するためで、エンジンは20cm前に押しだされ、シャシーに手が加えられた。生産は1963年まで続けられ、950台が世に送りだされた。

2＋2の誕生から1年後の1961年、フェラーリは250GTベルリネッタ・パッソ・コルトを発表する。別名、SWB（ショートホイールベース）である。ホイールベースは2.6mから2.4mに短縮され、トレッドが広げられたモデルだ。ストラダーレというよりコンペティツィオーネと呼ぶにふさわしいフェラーリで、GTレースで活躍した。ジェントルマン・ドライバーがレースに持ちこんだが、一方で豪華仕様のストラダーレ（ルッソ）も数台、レース用にホモロゲートされた。

次に登場したのが250GT/Lベルリネッタで、1962年のパリ・サロンでデビューした。2年にわたって生産され、350台がファンの元に届けられたこのモデルは、ストラダーレということで豪華仕様が売りだったが、スタイリングもラクシュリーだった。デザインはピニンファリーナが担当し、ボディをスカリエッティが製作した。売りは明快なデザイン――250GTはスタイリングでファンを魅了したフェラーリだった。

豪華を意味するL

250GT/Lベルリネッタは1962年のパリ・サロンで発表された。SWBに代わるモデル。一番上のプロトタイプは、埋めこみ式のドアハンドルと三角窓のないのが特徴。ピニンファリーナが個人で使用するクルマとして製作された。その下の赤いモデルはシリーズ・モデル（シャシーナンバー5383）で、1964年製作。この年、およそ350台が製作されたベルリネッタGT/Lが275GTBに代わった。

250GTO 1962〜1964

テスト

シャシーナンバー2643、初のプロトタイプは1961年9月、モンツァにその姿を現わした。ステアリングを握ったのは、F1で走る最後の年となったスターリング・モス（この年、フィル・ヒルが優勝し、フェラーリはコンストラクターズ・タイトルを獲得した）。このときのスタイリングはわりに平凡なもので、最終決定されたモデルとは大幅に異なるものだった。空力特性をテストした結果、ノーズには開閉可能な3つのエアインテークが、コーダ・トロンカのリアセクションにはダックテール・スポイラーが付けられた。

カヴァリーノ・ランパンテの歴史上、もっとも美しいフェラーリと称され、重要な役割を担った一台だが、このモデルの誕生のいきさつは、しかし、決してドラマティックなものではなかった。250GTOというモデルは、プライベート・ドライバーが駆ってGTレースで活躍した、250GTベルリネッタの改良版として生みだされたのである。

報道陣に公開されたのは1962年2月24日のことで、その場所はマラネロだった。GTO（グラントゥリズモ・オモロガータ：ホモロゲーションを意味する）のシャシーは楕円断面の鋼管を用いたスペースフレーム構造で（製作を担当したのはモデナにあるヴァッカーリ／Vaccari）、ベルリネッタのそれよりずっと剛性は高まっていた。アルミニウムを用いたボディはスカリエッティが手がけた。

重量配分を考慮してエンジンをスカットル方向へ後退させるという、いわゆるフロントミッドシップのアイデアは、1961年に開発の命を受けたジオット・ビッザリーニ（Giotto Bizzarrini）が考えだしたものだ（この年の秋、彼はフェラーリを退社している）。後方にエンジンを配置することでエンジンフード高が下がり、その結果、ウィンドシールドがスラントした、独特のスタイリングが生まれた。一方で伝統を受け継いだエンジンはさらなる進化を遂げる。3ℓユニットには大幅に手が加えられ、290psを達成したのだった。

GTOの特徴は、なんといってもサイドに入れられたスリットだろう。フロントタイアの後方に見られるこのスリットは、エンジン熱を逃がすためのものである。フロントノーズにも備わる3つのエアインテークは、美しいデザインをさらに引き立てるポイントともなっている。

レースに勝つために生み出されたスポーツカー、それがGTOだが、チェッカード・フラッグを受けるためのハードなドライビングと、ストリート・ドライビングとの間で巧みにバランスをと

貴重品
ファルチアーノ（Falciano）のマラネロ・ロッソ・コレクション（サン・マリノ共和国）に収められている250GTO。36台製作されたうちの1台。

テクニカルデータ
250GTO(1962)

【エンジン】＊形式：60度V型12気筒／縦置き ＊総排気量：2953cc ＊ボア×ストローク：73.0×58.8mm ＊最高出力：290ps／7500rpm ＊最大トルク：343Nm／5500rpm ＊圧縮比：9.7：1 ＊タイミングシステム：SOHC／2バルブ／チェーン駆動 ＊燃料供給：ツインチョーク・キャブレター ウェバー38DCN×6基

【駆動系統】＊駆動方式：RWD ＊変速機：5段 ＊クラッチ：乾式単板／LSD ＊タイヤ：(前)6.00×15 (後)7.00×16

【シャシー／ボディ】＊形式：鋼管スペースフレーム＋アルミボディ／2ドア・クーペ ＊乗車定員：2名 ＊サスペンション：(前)独立 ダブルウィッシュボーン／コイル, テレスコピック・ダンパー, スタビライザー (後)固定 トランスバースアーム／縦置き半楕円リーフ, テレスコピック・ダンパー ＊ブレーキ：ディスク ＊ステアリング：ウォーム・ローラー

【寸法／重量】＊ホイールベース：2400mm ＊トレッド：(前)1354mm (後)1350mm ＊全長×全幅×全高：4325×1600×1210mm ＊車重：900kg

【性能】＊最高速度：280km/h

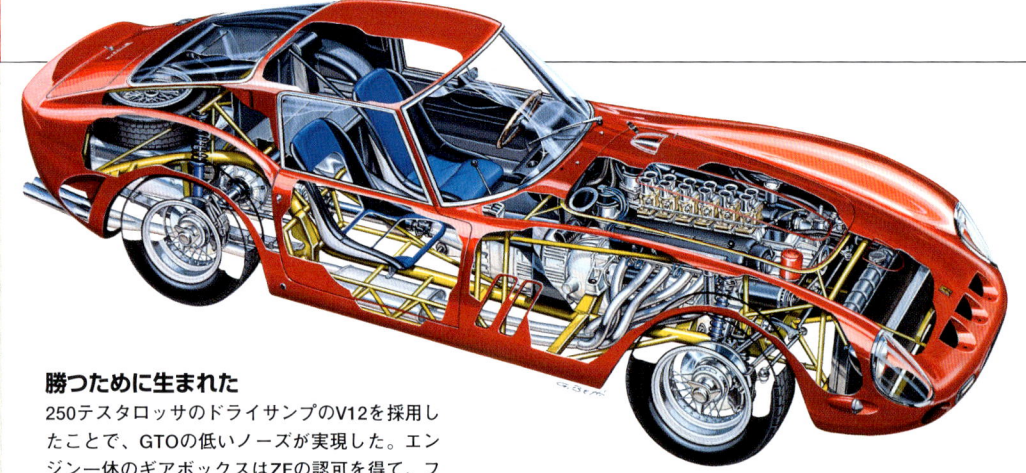

勝つために生まれた

250テスタロッサのドライサンプのV12を採用したことで、GTOの低いノーズが実現した。エンジン一体のギアボックスはZFの認可を得て、フェラーリが自製した。1962年に20台生産され、この年、フェラーリにインターナショナルGT優勝のタイトルをもたらした。1963年、64年のチャンピオンシップも連続して制覇している。っている。インターナショナルGTチャンピオンシップで3度のコンストラクターズ・タイトルを獲得したほか(1962／63／64年。GTメーカーとして最高の成績を残した)、多くのレースを制覇する一方で、一般の路上でもグラントゥリズモとして、あっという間に時代の花形となったのだ。

3ℓモデルは合計で36台が製作されたほか、3台の4ℓモデルが世に送りだされ(3967cc／370ps、ランプレディ設計)、こちらは330LMの名で親しまれた。1964年、GTO／64と呼ばれるセカンド・シリーズが誕生する。このクルマは性能をより高めるため、大幅に改造されている。エアロダイナミクスを向上させるために、スタイリングも大きく変わった。フロントグリルが大きくなり、ルーフが下げられてリアエンドが薄くなったのだ。

250に最大の改良を施したモデルが**250LM**で、GTO同様、レース魂のかたまりといえるが、ルマンのみならず、通常の公道でも走行可能だった（ロードバージョンでは初のミドシップ・フェラーリ）。1963年10月に発表された250LMはGTOエンジンを使った初めてのクルマで、シャシーにはレーシングマシーンである250Pを流用している。GTクラスでGTOに代わるモデルとして生まれた250LMだが、エンジンがミドシップに変更されたためホモロゲートを得られず、結局320psの3.3ℓエンジンを積み、プロトタイプ・カテゴリーで1965年のルマンを制覇した。

モディファイ

250LMがGTカテゴリーのホモロゲーションを獲得できなかったため、1964年、代わってGTOがモディファイを受ける。シャシーとメカニズムはそのままに（変更点はワイドになったトレッドとギア比）、エアロダイナミクスに富んだボディを持つGTO/64が生まれた。

410／400 SA〜500スーパーファスト 1955〜1966

大げさ

5ℓ弱の排気量におよそ350ps。410SAはアメリカのクライアントを驚かせるに充分なパワーを持ったモデルだった。1955年のパリ・サロンでは新しくなったメカニズム（前年の250GTと同じように、サイドメンバーフレームがエンジンの両側を通ってキャビンの下に伸び、リアアクスルの上で弧を描いてテールに達する）を強調するために、ベアシャシーのみで公開された。ピニン・ファリーナのクーペ・ボディの登場は、1956年1月のブリュッセル・ショーを待たなければならなかった。特徴はサイドのエアインテーク（右上の写真）。下はフェラーリがカタログに載せた400SAスポーツ。

フェラーリにとって、アメリカはますます重要なマーケットとなり、アメリカ人の嗜好に合わせたフェラーリが求められた。メカニズム、スタイリングともにマラネロの歴史のなかでは珍しい部類に入るカタログモデルは、こんな事情から誕生したものであった。

410SA

1955年、410スーパーアメリカ、またの名をSAと呼ばれたフェラーリがデビューする。フェ

ラーリのなかで375アメリカの後継車と位置づけられたモデルである。ラクシュリーカーという触れこみでパリ・サロンで公開されたが、このとき、観衆の前に姿を現わしたのはシャシーのみだった。おそらく、重要なモデルであることを印象づけると同時に、新しい410シリーズの革新的な技術を強調するために、こんな方法がとられたのだろう。シャシーは250GTと同じように、サイドメンバーがリアアクスルを跨ぐタイプで、エンジンは1950年代初めのF1や1954年までのGTレースに使用されたものと同じユニットが搭載された。排気量は5ℓまで拡大され、340〜350psのパワーを発生した。

要するに、大排気量と大馬力がものをいうアメリカンマーケットのために生まれた410SAというモデルは、人々の度肝を抜くためのフェラ

ーリだったのだ。その性能もしかりで、最高速度は、設定されたファイナル・ドライブ・レシオによって異なるが、220〜260km/hを記録した。

1956年のブリュッセル・ショーには、ピニン・ファリーナ・デザインの410SAがついに登場した。エンジン同様、そのスタイルは過剰で、"大げさ"とも表現できる。リアにテールフィンが生えたクーペだったが、評判は悪くなかった。販売も同様で、生産台数は14台だったが、1956年当時のプライスタグ1万6800ドルを考えると、決して悪いものではなかった(当時250GTはアメリカで1万2800ドルで販売された)。

この時期、ピニン・ファリーナは2.8mあったホイールベースを2.6mに縮めたワンオフも製作している。ヘッドライトは流線型、グリルは楕円形で、フロントウィンドーが両サイドに回りこみ、サイドウィンドーとの間にピラーが存在しない造形だった。"とてつもなく速い"を意味する「スーパーファスト」という車名こそ大仰だが、クルマの内容をよく表わしていた。しかし、世の中に浸透する間もなく、1956年にはセカンド・シリーズが登場、ショートホイールベースのこのシリーズの生産台数は、わずか7台にとどまった。

1958年のパリ・サロンでは、3代目にあたる410SAが登場。これが最後のシリーズとなったのだが、このときの改良はメカニズムにも及び、エンジンヘッドが再設計されて、圧縮比も高められ、出力は360〜370psにまで増強された。また、スパークプラグがVバンクの外側に装着された。この最終シリーズの生産台数は12台だった。

410SAのエクステリアデザインは1台ずつ微妙に異なる。もともとボディデザインにかなりの自由度があり、キャディラックに代表される派手な

実験
1956年のパリ・サロンではシャシーナンバー0483SA、ピニン・ファリーナが手がけたクーペが人々の注目を集めた。生産実現に至らなかった試作モデルだが、これがその後、400SAのベースとなったのだった。

テクニカルデータ
410SA（1956）

【エンジン】＊形式：60度V型12気筒／縦置き ＊総排気量：4963cc ＊ボア×ストローク：88.0×68.0mm ＊最高出力：340ps／6000rpm ＊最大トルク：343Nm／5000rpm ＊圧縮比：8.5：1 ＊タイミングシステム：SOHC／2バルブ／チェーン駆動 ＊燃料供給：ツインチョーク・キャブレター ウェバー40DCF×3基

【駆動系】＊駆動方式：RWD ＊変速機：4段 ＊クラッチ：乾式複板／LSD ＊タイア：（前後）6.50×16

【シャシー／ボディ】＊形式：スチール製ラダーフレーム＋アルミボディ／2ドア・クーペまたはスパイダー ＊乗車定員：2名 ＊サスペンション：（前）独立ダブルウィッシュボーン／コイル，油圧レバー式ダンパー（後）固定 トランスバースアーム／縦置き半楕円リーフ，油圧レバー式ダンパー ＊ブレーキ：ドラム ＊ステアリング：ウォーム・ローラー

【寸法／重量】＊ホイールベース：2800mm ＊トレッド：（前）1455mm（後）1450mm ＊全長×全幅×全高：4700×1690×1380mm ＊車重：1200kg

【性能】＊最高速度：250km/h

テールフィンが流行した時代だったため、クライアントは大小さまざまな改造をリクエストして、自分だけの"ワンオフ"フェラーリを欲しがったからだ。410SAのボディはこの時代、ピニン・ファリーナ、ギア（Ghia）、ボアーノ（Boano）、ベルトーネ（Bertone）といった、世界に名を知られたイタリアのカロッツェリアが競って手がけていた。

400SA／500スーパーファスト

スーパーファスト・シリーズは、フェラーリのロードバージョンのなかでも、高価で稀少かつ貴族的趣味の色合いの濃いものだったが、シリーズは410ファミリーだけでは終わらなかった。

1960年1月に開催されたブリュッセル・ショーで大排気量を誇る新型、400スーパーアメリカが登場する。エンジンはコロンボ設計のV12を用いたが、スパークプラグがVバンク外側に配置しなおされたり、バルブスプリングがヘアピン状からコイル状のものに変更されるなど、ほぼ別物といえる。排気量は3967ccで車名は400となっていたが、1気筒の排気量は330ccである。フェラーリの歴史が始まって以来初めて、1気筒の排気量に一致しないモデル名だった。

4段ギアボックスにはオーバードライブを採用しており、クラッチは乾式単板である。当初のホイールベースはかなり短く2.42mで、その後1962年に居住性向上のため2.6mに伸長した。また、250GTと同じように、ダンパーがテレスコピックとなり、ダンロップ製のディスク・ブ

レーキが4輪に採用された。

　このモデルの誕生までの過程は複雑なものだった。400スーパーアメリカは1960年1月に発表されたが、生産に入る直前の同年11月に、スーパーファストⅡ（デザインはピニンファリーナ）という名の、エアロダイナミクスに富んだモダーンなスタイリングのモデルが発表されたのだ。結局、スーパーアメリカは最終的にスーパーファストに取って替わられてしまった。スーパーファストⅡ14台（1962年10月から）、加えて20台あまりのスーパーファストⅢ（1963年3月のジュネーヴ・ショーでデビュー）が世に送りだされた。続いて登場したスーパーファストⅣの生産台数はたったの6台だった。

　最後のスーパーファストⅢがデリバリーされてから2ヵ月後にあたる1964年3月、500スーパーファストがデビューする。このシリーズのテーマに沿って新しくなったモデルで、スタイリングはこれまで造られたものと似かよってはいるが、ランプレディ設計のエンジンに手が加えられている（圧入式のシリンダーライナーが一体式に替わった）。排気量は4961ccで（ここから500と呼ばれた）、出力はおよそ400psとなっている。400スーパーアメリカに代わって500スーパーファストは新たにフェラーリのトップに君臨することになったのだ。1966年まで生産は続いたが、最終シリーズにあたるセカンド・シリーズの500スーパーファストには5段ギアボックスが装着された。

ボディ比較

36ページ：1956年に発表されたセカンド・シリーズの410SAはスーパーファストⅠ同様、ホイールベースは2600mmだった。上から下へ、それぞれピニン・ファリーナ、ギア、スカリエッティの作品。一番下（シャシーナンバー0671SA）は実業家エンリコ・ワックスのオーダーによるワンオフ。

37ページ：410SAの最終にあたるシリーズⅢ（一番上の写真）は1958年に発表された。1960年のブリュッセル・ショーで400スーパーアメリカが登場。これはピニンファリーナがデザインを手がけたカブリオレだが、このモデルは前年のトリノ・ショーで400SAクーペとしてフィアットのジョヴァンニ・アニエッリ（Giovanni Agnelli）のために製作されたモデルがベースとなっている。真ん中の写真はエアロダイナミクスに富んだ400SAクーペ（1961年トリノ・ショーでデビュー）。下は豪華でエクスクルーシヴな500スーパーファスト、1964年から66年まで生産された。

Passione Auto • Quattroruote 37

275 GTB／GTS／GTB/4 1964〜1968

**テクニカル
レボリューション**
右の透視図からわかるとおり、独立式のリアサスペンションを持ち、トランスアクスルのギアボックスは5段でディファレンシャルを内蔵する。これが275GTBの新メカニカル・フィーチャーだ。ベルリネッタ（下）とともに1964年のパリ・サロンではスパイダー・バージョンのGTSも発表された。

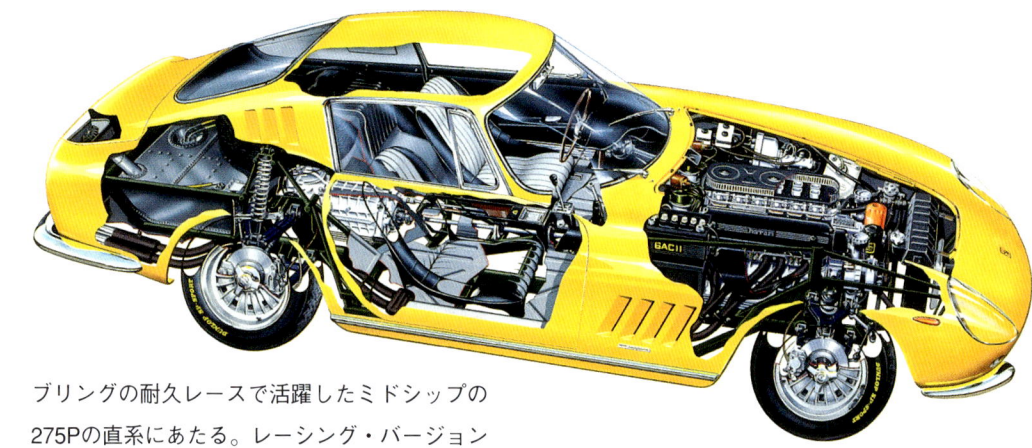

250GTOが生産を終えた時期、1台のニューモデルがマラネロのオフィスを旅立った。ロードバージョン・フェラーリのカタログモデルとして、世界でもっとも知られるようになるベルリネッタが誕生したのである。

その名は**275GTB**——この新しいカヴァリーノ・ランパンテは、グラントゥリズモとしてはクラシカルなタイプで（フロントエンジン＋RWD）、スタイリングも（より"一般的"になったフェイス以外）GTOを彷彿させるものだったが、メカニズムはまったく一新されていた。

ティーポ213エンジンは、1947年のコロンボの手による60度V12SOHCを全面改良したもので、1964年にニュルブルクリンク、ルマン、セブリングの耐久レースで活躍したミドシップの275Pの直系にあたる。レーシング・バージョンとの違いはウェットサンプ式潤滑システムとなった点で、出力は320psから260psに低下した。公式発表の最高速度は250km/hとなっている。標準モデルのキャブレターは3基だったが、スポーティ・ドライビングを好むクライアントのために6基のキットも用意され、これによりパワーアップも可能となった。

シャシーは定番ともいえる構造で、メインフレームは楕円鋼管を採用する。いっぽう、リアサスペンションには、フェラーリの量産車とし

38 Quattroruote • Passione Auto

ては初の独立式が採用されている。前後とも不等長のダブルウィッシュボーン、コイルスプリングとダンパー、スタビライザーを備える。重量バランスを適切化するため、ギアボックスはフロントのエンジンユニットから独立させ、ディファレンシャルとともにリアに配置する、いわゆるトランスアクスル形式を採る。これは1950年代初頭からフェラーリがフロントエンジンのF1マシーンに採用している方法である。

　ボディは、ピニンファリーナがデザインを手がけ、スカリエッティが製作した。そのスタイリングはクラシックだが、ホイールはボラーニのワイア・ホイールではなく軽合金のカンパニョーロ（Campagnolo）製で、軽く丈夫で手入れが簡単なことが採用の理由だったようである。

　1964年のパリ・サロンでは、GTBとともにスパイダー・バージョンの275GTSがデビューする（GTBはグラントゥリズモ・ベルリネッタ、GTSはグラントゥリズモ・スパイダーの意）。またたく間に評判となり、最初の年だけで250台が販売された。スパイダーは、ベルリネッタとはルーフの有無以外にもメカニズムで異なる点がいくつかあり、製作はモデナのスカリエッティではなく、トリノのピニンファリーナが請け負った。

　1965年、275はマイナーチェンジを受ける。リアウィンドーが大きくなり、ロングノーズとなって、ラジエターグリルが小さくなった。また、エンジンとギアボックスがトルクチューブ

トランクの目
1965年のパリ・サロンで発表されたGTBはリアウィンドーが大きくなり、トランクリッドのヒンジが外部に露出したほか、フロント周りがスマートになった。マイナーチェンジ後の市販モデルで、ロング・ノーズのニュー・デザインになる（1966年に登場したGTB/4もこのスタイルを踏襲している）。

ワイア・ホイール

275GTSのメカニカル・コンポーネンツは基本的にGTBのそれと同じだが、パワーは絞られた。少々デザインが異なるエクステリアでは、ルーフの有無と、ボラーニのワイア・ホイールが目につく。クローズド・バージョンではカンパニョーロの軽合金ホイールが採用となった。上の写真はデビュー当時のもの。下は1965年に生産された（1966年型モデル）タイプで、マフラーが変更されている。

で繋がれたため剛性が上がった。最終モデルとなる、このセカンド・シリーズの275GTBはパリ・サロンののちに発売され、生産は翌年まで続けられた。

1950年代から1960年代にかけて、フェラーリの重要なニューモデルがデビューを飾る慣わしとなっていたパリ・サロンには、エンツォ・フェラーリ自ら足を運んだものだったが、1966年のこのショーにも彼の姿があった。デビューしたのは275の進化版で、ロードバージョンとしてはもっとも重要なモデルとなる275GTB/4である。最後の"4"という数字はカムシャフトの数を表わす。すなわち、フェラーリは初めて、DOHCヘッドを持つロードカーを市場に送りこんだのである。

出力は280psだったが、前モデルと比べるとずっと扱いやすく仕上げられており、太いトルクとスムーズなパワー特性が特徴のエンジンである。最高速度270km/hはもちろん第一級の速さだ。フロントフードの形状はセカンド・シリーズのGTBから受け継いでいたが、前モデルのキャブレター3基（前述のとおり、オプションで6基が用意されていたが）に対し、GTB/4ではウェバー製キャブレター6基が標準で備わっていた。

1964年から1966年までにGTBは460台、GTSは200台が生産され、1966年からの2年間でGTB/4は350台が世に送りだされた。275の派生モデルとしてはもう1台、275GTB/Cが存在する。これはGTBのセカンド・シリーズをベースに造

られたもので、クライアントはレース愛好者だった。このモデルはフェラーリが公式に用意したレース用のベルリネッタで、そういう意味でいえば、このGTB/Cの正統な後継モデルといえるものは、1994年にデビューする348チャレンジまで待たなければならない。GTB/Cは軽量化のため、ボディにプレクシグラスと軽合金が潤沢に使用されている。エンジンではピストンが新調されたほか、潤滑系がドライサンプ式に変わった。また、1965年から1966年の1年間に27台が販売された。

スペシャルモデル
ルイジ・キネッティのリクエストで、1966年から1967年にGTB/4(上)をベースにしたGTS/4NARTが数十台製作された。

テクニカルデータ
275GTB(1964)

【エンジン】＊形式：60度V型12気筒／縦置き ＊総排気量：3286cc ＊ボア×ストローク：77.0×58.8mm ＊最高出力：260ps／7400rpm ＊最大トルク：294Nm／5000rpm ＊圧縮比：9.2：1 ＊タイミングシステム：SOHC／2バルブ／チェーン駆動 ＊燃料供給：ツインチョーク・キャブレター ウェバー40DCZ/6×3基

【駆動系統】＊駆動方式：RWD ＊変速機：5段／トランスアクスル ＊クラッチ：乾式単板／LSD ＊タイヤ：(前後)205×14

【シャシー／ボディ】＊形式：鋼管スペースフレーム＋スチールボディ／2ドア・クーペ ＊乗車定員：2名 ＊サスペンション：(前)独立 ダブルウィッシュボーン／コイル, テレスコピック・ダンパー, スタビライザー (後)独立 ダブルウィッシュボーン／コイル, テレスコピック・ダンパー, スタビライザー ＊ブレーキ：ディスク ＊ステアリング：ウォーム・ローラー

【寸法／重量】＊ホイールベース：2400mm ＊トレッド：(前)1377mm (後)1393mm ＊全長×全幅×全高：4325×1725×1250mm ＊車重：1100kg

【性能】＊最高速度：270km/h

330 GT2+2／GTC／GTS 1964〜1968

2+2
1960年代、新しくGT2+2という形式が誕生した。フロントシートとトランクの間のスペースを活用して2座を増設したものだ。写真は1964年の330GT初期型。ツインのヘッドライトとボラーニのワイア・ホイールが特徴。ダッシュボード（43ページ）には艶消しウッドがあしらわれた。オプションで、シートベルトとドイツのブラウンプンクト（Blaupunkt）製電動アンテナ付きのラジオが用意された。

1960年代、イタリア社会に新しいクラスが誕生した。経済成長が富裕層を生みだし、コメンダトーレ（英語でいうナイト：騎士）の称号を与えられた実業家たちが、新たな歴史を築きはじめた。それはエンツォ・フェラーリにとって、1950年代の貴族や名家の子孫に代わる、新しいクライアントの出現といえた。

この新しいクライアントのために用意されたのが、330GT2+2である。スポーティなベルリネッタの対極にあるフェラーリ、快適とさえいえる4シーター、優れた性能（最高速度240km/h）を誇る信頼性の高いクルマ——それはまさに、"コメンダトーレ"のためのクーペだったのだ。コンセプトで見れば250GTE2+2の後継といえるが、はるかに洗練されたメカニズムを備えていた。

デビューは1964年のブリュッセル・ショーである。スタイリングは、クラシックで落ち着いたラインを与えられてはいるが、フォーマルというほどではない。1960年代の軽さと幻想的な雰囲気がうまく調和したフェラーリといえるだろう。250GTEに比べホイールベースが長くなっているが、これはもちろん乗員に快適な室内空間を与えるためだ。前後のブレーキ系統が独

Passione Auto • **Quattroruote** 43

テクニカルデータ
330GT（1964）

【エンジン】＊形式：60度V型12気筒／縦置き ＊総排気量：3967cc ＊ボア×ストローク：77.0×71.0mm ＊最高出力：300ps/6600rpm ＊最大トルク：333Nm/5000rpm ＊圧縮比：9.8：1 ＊タイミングシステム：SOHC／2バルブ／チェーン駆動 ＊燃料供給：ツインチョーク・キャブレター ウェバー 40DF1×3基

【駆動系統】＊駆動方式：RWD ＊変速機：4段オーバードライブ付 ＊クラッチ：乾式単板 ＊タイヤ：（前後）205×15

【シャシー／ボディ】＊形式：鋼管スペースフレーム＋スチールボディ／2ドア・クーペ ＊乗車定員：4名（2＋2） ＊サスペンション：（前）独立 ダブルウィッシュボーン／コイル，テレスコピック・ダンパー，スタビライザー（後）固定 トランスバースアーム／縦置き半楕円リーフ，テレスコピック・ダンパー ＊ブレーキ：ベンチレーテッド・ディスク ＊ステアリング：ウォーム・ローラー

【寸法／重量】＊ホイールベース：2650mm ＊トレッド：（前）1390mm （後）1389mm ＊全長×全幅×全高：4840×1715×1365mm ＊車重：1380kg

【性能】＊最高速度：245km/h

立したブレーキ・システムは、高い性能と安全性を提供する。4ℓV12エンジンはウェバーのトリプル・キャブレターを備え、340psものパワーを生みだす。フロントサスペンションはダブルウィッシュボーンの独立だが、リアは半楕円形リーフスプリングが採用された。

1年後には改良を受け、ボラーニのワイア・ホイールが10穴軽合金ホイールに変わったほか、初期モデルの特徴だったツイン・ヘッドライトがシングルのそれに変わった。エンジンマウントは4個から2個に減らされている。使いやすさに配慮してペダルも変更され、初期にはレーシングカーのようにフロア下から生えていたものが、吊り下げ式になった。また、オーバードライブ付きの4段ギアボックスは5段となった。これらのモディファイによって、330GTはより快適にロングツーリングを楽しむことができるフェラーリに変身した。生産は1967年まで続けられ、合計で1080台がクライアントのもとへ運ばれた。

330GT2＋2はトリノのピニンファリーナで生産されたのだが、3台のワンオフモデルも造られている。オーダーしたのは、アメリカのフェラーリ・インポーターであるルイジ・キネッティである。手がけたのはミケロッティとヴィニャーレで、ミケロッティがクーペと、イエローと黒のコンビネーションカラーのカブリオレを、ヴィニャーレはいっぷう変わった3ドアのシューティングブレークを製作した。

このワンオフモデルの存在よりさらに興味深いのは、1966年に330GTをベースとした2シーターが誕生したことだろう。この2シーターにはクーペとスパイダーの2バージョンが用意され、クーペは330GTCと呼ばれた。エンジンは330GTと同じV型12気筒だが、シャシーにはサスペンションが前後ともに独立式だった275のそれを流用した。デザインはピニンファリーナで、そのスタイリングは大排気量のフェラーリ・ロードカーの女王、500スーパーファストを彷彿させるものだ。テールは275GTSを想起させる。フロントフェイスはこの時代のフェラーリの典型である"サメ"仕様で、フロントバンパーは左右分割式となっており、楕円形のラジエターグリルを口に見立てれば、それはさしずめ、ヒゲということになるだろうか。軽合金鋳造ホイールは14インチを採用している。エンジンの熱を逃がすため、サイドには3個のルーバーが見られる。キャビンは広いガラスエリアと、細いピラーのおかげでとても明るい。最高速度245km/hは、わずかながら330GT2+2の上をいく。

　クーペの登場から数ヵ月後、今度はスパイダー・バージョンである330GTSがデビューする。ルーフがあるかないかの違いはあるが、エンジン、性能はクーペと同じである。助手席が広げられ、ふたりぶんのスペースが充分に確保されたものの、すぐに通常のサイズに戻された。1966年から1968年までの間に、GTCは600台、GTSは100台が生産された。

流行のGTに

デザイン、メカニズムともに時代遅れが目につくようになった330GTは、デビューから1年あまりで見直しが図られることになった（44ページ上）。フェイスは一新され、フロントのツイン・ライトはシングルに変わった。また、ワイア・ホイールは軽合金ホイールに。エンジンは4ℓ V12のままだったが、ギアボックスは5段に新調。翌年、クーペのGTC（44ページ真ん中／下）とスパイダーのGTS（左上／左中）が登場する。そして3台のワンオフモデルも造られた。ヴィニャーレが手がけたのは3ドア版、ミケロッティはクーペとカブリオレ（左下）を製作した。

330 GT2+2 インプレッション

あの頃……
1964年11月号の『クアトロルオーテ』は、カロッツェリアの夢の競演、トリノ・ショーの特集を組んだ。フェラーリ330GT2＋2（写真）のテストのほかには、高速道路アウトストラーダのフィオレンツァ（Fiorenza）出口に関する話題と、自動車事故の保険金詐欺のリポートを掲載している。

『クアトロルオーテ』の1964年11月号に掲載された、フェラーリ330GT2＋2のテストに招いたスペシャルゲストは、元フェラーリF1パイロットであり、1960年のルマン24時間耐久レースのウィナー、そして当時からクアトロルオーテ誌の協力者でもあったベルギー人ジャーナリスト、ポール・フレールだった。「ドライバーとしての腕、技術者としての知識、ジャーナリストとしての目は、このやっかいなクルマを評価するにぴったりだ」と、当時の記事には記されていた。

このモデルのやっかいなところは、300psというパワーだけではなかった。レヴカウンターのレッドゾーンの始点、6600rpmで生みだされる4ℓV12のノイズも凄まじいものだったのだ。

フレールは330GTのすばらしいスタビリティを絶賛した。強い横風が吹く状況にあっても、圧倒的なスタビリティに変化はなかった。うまく調整されたリアトレーンと高剛性のシャシの恩恵も受けて、ワイドタイアが高いスタビリティを生みだしたのだ。彼はこう記す。「加速テストでは、標準装備のリミテッド・スリップ・ディファレンシャル（LSD）が高い効果を発揮する」さらに、彼はタイトコーナーではこのクルマにアンダーステアの傾向があることを指摘した。「緩やかなコーナーでもハイスピードでも、クルマの挙動は安定している。このフェラーリで限界に挑戦するには、しかし、かなりの経験が要求されるだろう。限界域におけるコーナリングではテールが飛びだそうとする。なんの前触れもなく起こるから、すぐに修正しなければならない。それも的確にだ。そうでないと取り返しのつかないことになる」

「バキュームサーボまで同じユニットを2基備えるデュアルサーキット・ブレーキのレスポンスが非常にいい。サスペンションもすばらしい。路面の凹凸をみごとに吸収して、不快な上下動を最小限に抑える。リクライニングの付いたフロントシートによって座り心地はかなり改善されている。ドライビング・ポジションはほとんど完璧だ。ペダルの配置も適切で、ヒール・アンド・トゥがしやすい。卓越しているのはウェット時の挙動で、路面にぴったり張りつく感覚は、このフェラーリの良さを実感することができるポイントだ。そういう場面でこそディスク・ブレーキも本領を発揮する」

この時代のクルマをドライブするには、繊細さと自らの感情を抑える、そういう勇気が必要だ。激情を解き放てるエレクトロニクス時代の到来は、まだ遠い先のことなのだから――。

PERFORMANCES

最高速度	km/h	追越加速(4速)		120	89.0
	223.975	速度(km/h)	間(秒)	140	120.0
発進加速		40—60	3.7	160	150.5
速度(km/h)	時間(秒)	40—80	7.5	180	185.5
0—60	3.4	40—100	11.4	200	236.0
0—100	7.2	40—120	15.4	燃費(4速コンスタント)	
0—120	10.0	40—140	19.9	速度(km/h)	km/ℓ
0—140	13.2	40—160	24.5	60	8.1
0—160	17.2	40—180	30.1	80	——
0—180	23.0	制動力		100	6.4
停止—400m	——	初速(km/h)	制動距離(m)	140	5.0
停止—1km	27.7	100	61.5	200	3.5

若者へ

若い読者からの熱烈なリクエストによって、このフェラーリのテストが実現した。フェラーリというブランドのエクスクルーシヴな性格が夢として求められ、エンスージアズムを呼び起こすのだろう。値段を思えば納得がいく。330 GT2+2の当時プライスタグには747万9812リラという途方もない数字が並んでいた。

365 1966〜1975

V12の排気量はさらに大きくなっていく——。

1966年、365ユニットが誕生する。総排気量は4390cc、つまり1気筒にあたり365ccとなる。このエンジンはさまざまなバリエーションを経て、10年の間、マラネロが生みだした大排気量グラントゥリズモの後継車を支えていくことになるのだ。その10年という年月は、マラネロのクライアントの要求が変化した時代でもあった。ディーノ・ファミリーの誕生により、365は富裕層向けのモデルとなったのである。

新エンジンを搭載した夢のクルマはスパイダー・モデルの365カリフォルニアだった。すべての時代を通して、ピニンファリーナがデザインしたなかでもっとも美しいオープンのフェラーリである。エンジンはスポーツ・プロトタイプカーの365Pのユニットを改良した4.4ℓで、パワーは365Pの380psから310psにデチューンされており、5段ギアボックスを搭載する。

365カリフォルニアがデビューを飾った舞台は1966年のジュネーヴ・ショーで、お披露目の場として選ばれたのは、フェラーリのスタンドではなく、ピニンファリーナのブースだった。1年の間に14台が製作されたのだが、この台数からカヴァリーノの「最後のワンオフモデル」と称されるようになった。

これ以降、フェラーリは生産台数を増やし、288GTO、F40、F50のようなスペシャル・バージョンですら、3ケタの単位で生産されることになる。

1960〜70年代のピニンファリーナは、二面で構成されたサイドサーフェスや、今後何年にもわたってこの手法がとられることになる、ドアハンドルが隠れるサイドスクープといった次期モデルの要素を織りこみ、次代のフェラーリを予見させるデザインで発表してきたのだが、その点でも365カリフォルニアは重要な意味を持つ。

365のシャシーは定番ともいえる鋼管チューブラータイプで、フロントサスペンションは独立式、リアは固定のリーフスプリングとなっている。しかし、この組み合わせが走行安定性に疑問が生じる結果を招いた。ホイールベースはスーパーファスト、330GT（365カリフォルニアと同時代）と同じ2.65mである。ダッシュボードは上質なウッドで覆われ、ボラーニのワイア・ホイール、パワーステアリング、エアコン、パワーウィンドーを採用した豪華なクルマだった。

少量生産

365のエンジンを搭載した最初のモデルは、とにかく美しい、スパイダー・カリフォルニアだった（左下）。1966年3月、ジュネーヴ・ショーでピニンファリーナのスタンドに登場した。ピニンファリーナは自社工場でこのフェラーリを14台製作する。1967年8月生産終了。右下は、365GT2＋2。このクーペは1967年にパリ・サロンでデビューし、1971年までに800台生産された。

デイトナのためのスペシャル・ドライバー

1968年のパリ・サロンのデビューから5年後の1973年9月、クアトロルオーテは365GTB/4のステアリングをエマーソン・フィッティパルディに託した。このブラジル人ドライバーは、エンジンのフレキシビリティとパワーに狂喜する。スイスのローザンヌ−ジュネーヴ間で240km/hを記録、280km/hも可能であると申告したのだった。ギアボックスに好意的な評価を下したものの、シフトの動きの遅さも口にした。ものすごい加速に舌を巻いていたが、反対にブレーキにはがっかりしたようで、ハンドリングについても同様だった。

なお、このクルマを最後に、フェラーリのカタログモデルとしての2＋2スパイダーは、1980年代のモンディアルの登場まで待たねばならなかった。

さて、1966年のパリ・サロンにはもう1台の365、いっぷう変わったフェラーリが登場している。**365P**がそれである。ミドエンジン・ベルリネッタで、1列に3席が並び、ドライバーは中央に座るというものだ。生産されたのはわずか2台だった。

翌年発表された**365GT2＋2**は、365Pとは次元の異なるクルマで、生産台数の多い重要なモデルである。4シーター・フェラーリであり、販売面で期待された330GT2＋2の後継車というこ

仕上げ
ピニンファリーナが手がけたデイトナの最初のプロトタイプでは、ノーズ下に隠された逞しいV12同様、フロントエンドのデザインは275GTBから流用されている（右）が、最終決定ではデザインはまったく異なるものになった。斬新なリアデザインは365GTB/4の特徴だ（下）。生産仕様の製作を任されたのは、いつものようにスカリエッティだった。

とになる。このクルマに盛りこまれた技術面での革新は、おおいに自慢できるものだった。サスペンションは（フェラーリの2+2では初めて）全輪独立式となり、パワーステアリングおよびエアコンの装着、荷重の軽重にかかわらず車高を維持する油圧式セルフレベライザー——スポーツカーと鉄道用のダンパーを生産するオランダのメーカー、コニ（Koni）とともに開発された——が採用されたのである。

365GT2+2は1967年のパリ・サロンでデビューした。3.9ℓから4.4ℓになったエンジンは、出力310ps、最高速度245km/hを発揮し、高いフレキシビリティを備えていた。デザインを手がけたのはピニンファリーナで、フロントは500スーパーファスト、リアは330GTCを連想させる。生産は1971年まで続き、800台あまりが世界に送りだされた。

1968年は自動車史上、そしてフェラーリ史上、忘れることのできない年である。フェラーリのベルリネッタのなかでももっとも美しい一台、いつの時代にも欠かすことのできないモデル、365GTB/4、いわゆるデイトナが誕生したのである。

スタイリングは独特だ。一度目にしたら忘れることのできないデザインである。特別に美しいとかエレガントなどといえるスタイルではないものの、強いパーソナリティを持っている。フェラーリグループの一員というより、孤高の一台、スターともいえる存在だろうか。パリ・サロンで発表されるやいなや、"すべてはエンジンに"といったスタイリングや車名、そのコンセプトが評判を呼ぶようになった——長く、そして幅広いエンジンフードにはシリンダーとピストンが並ぶ姿が目に見えるようだ。車名の"4"という数字が表わすカムシャフト（片バンクあたり2本）も、目に映ると錯覚してしまう。4.4ℓ

テクニカルデータ
365GTB/4（1968）

【エンジン】＊形式：60度V型12気筒／縦置き ＊総排気量：4390cc ＊ボア×ストローク：81.0×71.0mm ＊最高出力：352ps/7500rpm ＊最大トルク：431Nm/5500rpm ＊圧縮比：8.8：1 ＊タイミングシステム：DOHC／2バルブ／チェーン駆動 ＊燃料供給：ツインチョーク・キャブレター ウェバー40DCN/20×6基

【駆動系統】＊駆動方式：RWD ＊変速機：5段／トランスアクスル ＊クラッチ：乾式単板／LSD ＊タイア：（前後）215/70R15

【シャシー／ボディ】＊形式：鋼管スペースフレーム＋スチール＆アルミボディ／2ドア・クーペ ＊乗車定員：2名 ＊サスペンション：（前）独立 ダブルウィッシュボーン／コイル，テレスコピック・ダンパー，スタビライザー （後）独立 ダブルウィッシュボーン／コイル，テレスコピック・ダンパー，スタビライザー ＊ブレーキ：ベンチレーテッド・ディスク ＊ステアリング：ウォーム・ローラー

【寸法／車重】＊ホイールベース：2400mm ＊トレッド：（前）1440mm （後）1425mm ＊全長×全幅×全高：4425×1760×1245mm ＊車重：1200kg

【性能】＊最高速度：280km/h

4カムシャフト
275GTB/4からデイトナが受け継いだのは、4本のカムシャフトだった。前モデル同様、LSD内蔵のトランスアクスル・ギアボックスだった。

上質なインテリア

デイトナの車内へのアクセスはよく、キャビンに窮屈な感じはない。硬めのシートは快適で、コントロール類も扱いやすい。計器類もうまく配置されている。シフトレバーもしかり。ステアリングホイールの傾斜がきついが、重いステアリング操作を考えると、こうせざるを得なかったのだろう。コーダ・トロンカを特徴づけているのは、小さなスポイラーと4本のエグゾーストパイプだ。
下はスペシャル版のクーペで、ラップラウンド・リアウィンドーと長くなったテールが目につく。1969年のパリ・サロンでピニンファリーナが発表した。すなわちハードトップを載せた365GTS/4である（53ページ）。

60度V型12気筒から発生する出力は352ps、マラネロのクーペが280km/hを叩きだすのに充分なパワーだった。この時代、再び、フェラーリは"怪物"の記録を打ち立てたのである。

365GTB/4は、1967年のデイトナ24時間での330P4の勝利を祝って、「デイトナ」と呼ばれるようになった。このレースで3台のカヴァリーノは、地元フォード勢を打ち破り、1-2-3フィニッシュを飾ったのである。

ピニンファリーナが手がけたデザインは、クラシカルとモダーンな要素をうまく結びつけたものだ。つまり、フロント配置のエンジンや、トランクとキャビンが一体化しているクラシックなレイアウトを、モダーンなラインで包みこんでいる。そのラインは曲線の見当たらないエッジの効いたもので、どちらかといえばごつごつしているスクエアな印象である。4本出しのマフラーが整然と並ぶコーダ・トロンカ（切り落とされたリアエンドのこと）も目につく。クラシックなフェラーリ・ファンにとっては眉をしかめるデザインだったが、眉間にしわが寄るような革新的なデザインだったからこそ、広い層に受け入れられ、歴史に残るクルマとなったともいえる。もう1点、重要なのは、デイトナは時代を先取りしていた、という事実である。スクエアなラインはこのクルマが先駆者となったのだ。

スチールとアルミのボディを製作したのはスカリエッティである。マスクを包みこむプレクシグラス製のノーズパネルには、ヘッドライト

とウィンカーライトが内蔵されている。このノーズパネルはデザイン的要素も強いが、空力にも貢献しており、ヘッドライトとフェラーリ独特の楕円形グリルがむき出しになるのを避けている。デイトナの生産は1973年まで続き、生産台数は1300台にのぼった。

1969年、365GTS/4がデビューする。デイトナのスパイダー・バージョンである。この年のフランクフルト・ショーでお披露目されたこのスパイダーとベルリネッタのルーフ以外の違いは、軽合金に代えてワイア・ホイールが装着されている点が新しい。また、初期モデルのベルリネッタ同様、ヘッドライトがプレクシグラス

オープンエアの喜び
ピニンファリーナ・デザインの365GTS/4、製作はスカリエッティ。1969年のフランクフルト・ショーで発表された、デイトナ最初の派生車種。下はGT4/4スパイダーNART。1974年にミケロッティがルイジ・キネッティのオーダーでデザインしたもの。俳優でありドライバーでもあったスティーブ・マックィーンの手に渡った。

セカンド・シリーズ
1970年に生産され、翌年販売されたモデルから、デイトナのヘッドライトはリトラクタブル式に変わった。それ以前は、アメリカ向けのみ、リトラクタブル・ヘッドライトが装着されていた。

に覆われたが、生産型からは、固定式に比べると若干ハイスピード時における空気抵抗はあるが、リトラクタブル式に変更になった（よりアメリカっぽくなったともいえる）。4年弱でこのスパイダーは123台生産され、そのうち100台あまりがデイトナの主要マーケットだったアメリカに渡った。

クラシカルなスタイリングがむしろ脚光を浴びたのは365GTCだ。伝統は廃れることがないということを証明したモデルであるといえよう。330GTをベースに開発されたもので、SOHC4.4ℓエンジンは出力が320psに向上している。生産期間が短かったのは、1968年終わりから1970年にかけて、アメリカ政府が設定した連邦安全基準の排ガス規制のためだった。最高速度は245km/hながら、高い信頼性を誇るフェラーリで、ホイールはワイアではなく軽合金鋳造アルミタイプを履く。サイドの見切り線が高く、ラジエターグリルは楕円形である。365GTCのリアは堂々としたもので、ばさっと切り落とされたようなその場所には、特徴的なライトが並ぶ。

1969年、オープン・バージョンの365GTSがデビューする。魅力的なスタイリングには違いないが、新しさはまったく見当たらない。依然デイトナの評判の高さが持続していたこともあって、自身の存在を主張することが難しかったフェラーリだった。

膨れたエンジンフードのフェンダーラインか

ら、ゴッボーネ（大きなこぶ）と呼ばれたのは**365GTC/4**だ。このフェラーリは、スポーティなベルリネッタとしては、最後のフロントエンジン・カヴァリーノだと思われていたが、美しさで評判をとることもなければ、デイトナの軽ろやかさも持ち合わせていなかった。なにより、黒いラバーに囲まれた小さなライトを持つマスクのデザインが問題だった。しかし、コンセプトに視点を置けば、おもしろさを持ったモデルだった。4シーターモデルで（デイトナよりもむしろ365GT2＋2に近い。実際、モデル名はGTベルリネッタではなくGTクーペ）、4カムシャフトを採用、シリンダーVバンクの内側ではなく外側にツインチョーク・キャブレターが6基装

クラシックへの回帰

1968年のパリ・サロンでデビューした365GTC（右）は、デイトナと比べるとまちがいなくクラシックで、伝統的なショートホイールベースのクーペだ。高いサイドライン、楕円形のラジエターグリル、鋳造ホイール、埋めこまれたテールライト。エンジンはGT2＋2のユニットを改良したもの。翌年、スパイダーの365GTSがデビューしたが、生産台数は20台だった。

ゴッボーネ

ふくよかな、凹凸の付いたフロントフードを持つ365GTC/4がデビューしたのは、1970年のパリ・サロンだった。決してありがたいとはいえないニックネームを付けられたフェラーリ。365GTCとGT2+2の後釜に座ったこのクーペは、黒ラバーに囲まれたライトが特徴のフェイスに代表されるように、美しいと表現するにはつらいものがあった。とはいえ、365GTC/4（数字は4本のカムシャフトを示す）は4人が乗るには充分なスペースを備えていた。

着されている。これは厳しさを増すアメリカの安全基準に沿って変更されたものだった。これにより、デイトナに比べるとパワーが落ちることになり、GTC/4の最高出力は320psとなった。

ホイールは5本スポーク型軽合金鋳造アルミタイプで、512Sコンペティツィオーネが装着していたのと同じタイプのホイールである。しかし、アルミホイールさえ履けばすぐスポーティになれる、というわけではなかった。生産期間は1971年から72年の2年間のみで（生産台数は500台）、狭いリアシートも災いしたのだろう。

まったく異なるボディ、365GT2+2よりずっとスクエア、よりモダーンだが、魅力に欠ける——それが1972年に登場した4シーターのニュー・クーペ、365GT/4 2+2である。出発点は365GTCで、車名からわかるとおり、カムシャフトは4本である。出力は340psを発し（GTCは320ps）、2.7mのホイールベースは365GT2+2より50cm伸長されている。アメリカに輸出されなかったため、人気を得ることはなかった。524台生産されたが、1976年にフェラーリ400シリーズに道を譲った。

USA？
ノー・サンキュー

365GT/4 2+2は1972年のパリ・サロンで発表され、生産は1976年まで続いた。生産台数は524台。フェラーリはアメリカの排出ガス規制がますます厳しくなったために、12気筒エンジンのリニューアルをあきらめたのだった。

ディーノ 206／246／308　1967〜1980

新シリーズ

1956年に病気で亡くなった息子、アルフレード。彼の愛称であるディーノがカヴァリーノの新シリーズのブランド名となった。この栄光のシリーズの最初はプロトタイプのディーノ・ベルリネッタ・スペチアーレ（下）で、1965年のパリ・サロンでピニンファリーナのスタンドに展示された。右上はディーノ・シリーズのインストゥルメントパネル。フェラーリに代わって、黄色地にディーノのサインが入ったエンブレムが見える。

1960年代、エンツォ・フェラーリはあるアイデアを思いつく。ボディサイズ、排気量ともに小さいフェラーリを造ってはどうだろうか。もちろんフェラーリの技術を駆使して開発し、プレスティッジ性もフェラーリならではのものを携えた、小さなモデルを──。

このアイデアには、実行に移すだけの裏づけがあった。1959年、フィアット1100のシャシーにクーペ・ボディを被せ、マラネロで製作されたエンジンが搭載された。排気量850ccの4気筒のそのエンジンを用いたクーペは、モデル名854といわれた。2年後の1961年11月、トリノ・ショーでミッレ（Mille：1000という意味）と名づけられた2台目のプロトタイプが登場する。ベ

ルトーネがデザインしたクーペである。エンジンは、これも4気筒ながら、排気量は1032cc(ボア、ストロークとも69.0mmのスクエア)だった。しかし、2台ともフェラーリを名乗ることはなかった。エンツォは、いきなりフェラーリと名乗ることで生じる混乱とリスクを避けたかったし、なによりカヴァリーノ・ランパンテはV12気筒エンジン搭載でなければならないという強い信念を持っていたからである。したがってそのクルマは、ASA1000という名称を与えられた。

206

スモール・サイズのグラントゥリズモの歴史は、**ディーノ・ベルリネッタ・スペチアーレ**から始まった。それは1965年のパリ・サロンで、ピニンファリーナのスタンドに姿を現わす。しかしこのモデルは長く続くプロトタイプ・シリーズの1台目で、プロダクション・モデルとなるには、このときから2年待たねばならなかった。

まさに革命だった。革新的ボディにディーノのエンブレムが輝いていたことが、すべての始まりだった。ディーノはアルフレード(エンツォの子息は長患いのすえ、1956年6月、その生涯を終えた)の愛称で、これをクルマのブランド名とした。以降、V型6気筒エンジンを搭載したクルマをディーノと呼ぶことになったのだが、これはこのプロジェクトが若くして亡くなったディーノの協力のもとに進められたためだった。

このときから車名の付け方も変更された。V型6気筒と8気筒エンジンを搭載したモデルでは、最初の2桁は排気量を示す(2.0ℓから20)。3つ目の数字は気筒数(6気筒の6)である。

メカニカルパーツは(シャシーも含めて)ミド

最終決定モデル
多くのプロトタイプが製作されたのち、最終的に生産型となったディーノ206GTのデリバリーは1968年に始まった。上の写真はエンツォ・フェラーリがフィアットの総帥、ジョヴァンニ・アニエッリとディーノ206Sを眺めているところ。ディーノ・ロードバージョン用のV6を製作したのはフィアットだった。

テクニカルデータ
ディーノ206GT（1968）

【エンジン】＊形式：65度V型6気筒／横置き ＊総排気量：1987cc ＊ボア×ストローク：86.0×57.0mm ＊最高出力：180ps／8000rpm ＊最大トルク：186Nm／6500rpm ＊圧縮比：9.3：1 ＊タイミングシステム：DOHC／2バルブ／チェーン駆動 ＊燃料供給：ツインチョーク・キャブレター ウェバー40DCN×3基

【駆動系統】＊駆動方式：RWD ＊変速機：5段 ＊クラッチ：乾式単板／40％LSD ＊タイヤ：(前)185R14

【シャシー／ボディ】＊形式：鋼管スペースフレーム＋アルミボディ／2ドア・クーペ ＊乗車定員：2名 ＊サスペンション：(前)独立 ダブルウィッシュボーン／コイル, テレスコピック・ダンパー, スタビライザー (後)独立 ダブルウィッシュボーン／コイル, テレスコピック・ダンパー, スタビライザー ＊ブレーキ：ベンチレーテッド・ディスク ＊ステアリング：ラック・ピニオン

【寸法／重量】＊ホイールベース：2280mm ＊トレッド：(前)1425mm (後)1400mm ＊全長×全幅×全高：4150×1700×1115mm ＊車重：900kg

【性能】＊最高速度：235km/h

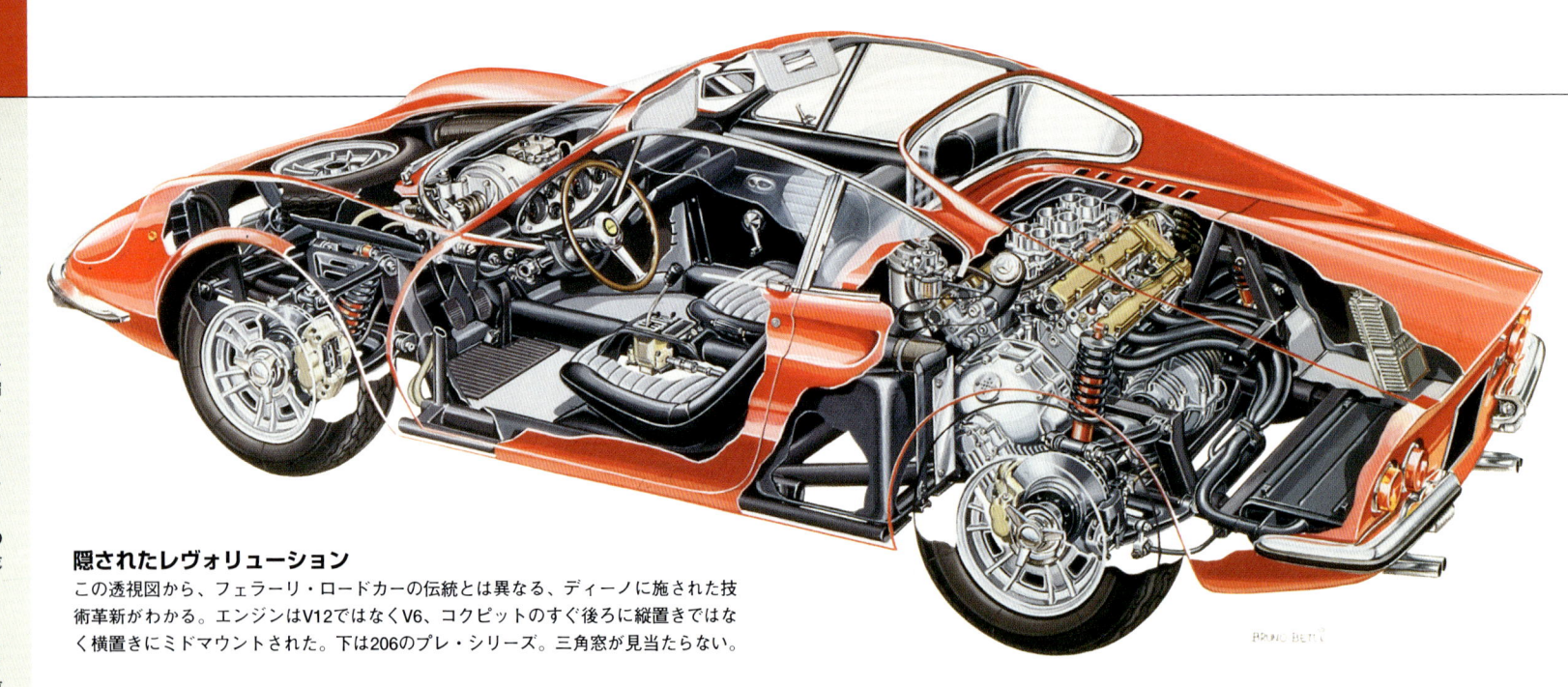

隠されたレヴォリューション

この透視図から、フェラーリ・ロードカーの伝統とは異なる、ディーノに施された技術革新がわかる。エンジンはV12ではなくV6、コクピットのすぐ後ろに縦置きではなく横置きにミドマウントされた。下は206のプレ・シリーズ。三角窓が見当たらない。

シップのレーシングマシーン、ディーノ206Sをベースにしており、ピニンファリーナが手がけたデザインも斬新で、ほかのカヴァリーノ・モデル（1984年に発表された288GTOまで）にもそのエッセンスが活かされ、デザインを模倣するメーカーも現われたほどだった。

デザインの特徴はフェンダー上の丸い膨らみだが、これはすでにピニンファリーナが、縦置きミドエンジンの高性能スモール・サイズのプロトタイプで見せた手法だった。まさにこの、ルーフからテールに続くリアのデザインがディーノの特徴で、リアウィンドーは横長で室内側に大きく湾曲しており、そのそばのエンジンフードにはふたつの大きなエアインテークが備わる。これはディーノのパワフルなV6エンジンに

備わる、3基のツインチョーク・キャブレターに外気を導くために装着されたものだった。エンジンとトランク、二分割されたリア・フードも美しくデザインされているが、フロント部分に比べてやや派手すぎるきらいがあるのは否めない。エンジンをドライバーのすぐ後ろに配置したことでキャビンは前に押しだされ、加えて低くなったことで、アイポイントはレーシングカーのそれに近いものとなった。

　1年後にデビューした次のプロトタイプではボディ、ヘッドライト、そしてドアのデザインが変更になったが、なんといっても注目すべきは、V型6気筒1986ccのエンジンについてだろう。フェラーリが目指していたF2カテゴリーのレギュレーションが変更され、レースに参加するマシーンには、年間500台製作される生産車のエンジンを使用することが義務づけられたために、コメンダトーレ（エンツォのこと）はこのエンジンを搭載したクーペとスパイダーの製作について、フィアットと契約を結ぶことにしたのである。これによって、フランコ・ロッキ（Franco Rocchi）が開発したエンジンの一部はトリノのフィアットで製作されることになり、それがマラネロに送られて、コンペティツィオーネのフォーミュラ2マシーンと、ロードバージョン仕様の新しいピッコラ・ベルリネッタの両方に載ることになった。

　さらに1年後の1967年、トリノ・ショーに3代目プロトタイプが登場する。名前はディーノ

オープンも
1969年終わり、246が登場した。このニューカーにはスパイダー・バージョンであるGTSも用意された。脱着式のトップはグラスファイバー製。外したトップはシートの後ろに収納することができた。

双子

246GTと206の外見上の違いは一見わずかで、燃料タンクのキャップが隠れているかどうかくらいだ。エンジンはどちらもV6ながら、ボアとストロークは異なる。これによって246は2418ccとなった。ホイールベースも6cm長くなっている。

206GTで、見すごせない最新技術が満載されたフェラーリだった。フィアット版の出力は160ps、フェラーリ版は180psで（米国SAE方式では低く出力が測定されるため、それを回避するために10％強、出力が増強された）、エンジンはミドに、スポーツ・プロトタイプカーの206Sや他のフェラーリ・レーシングマシーンのように縦ではなく、横向きにマウントされた。これによりロードホールディングが向上、トリッキーなコースでもすばらしい挙動を見せるようになったのである。ボディ剛性も向上しており、マラネロで製作されたシャシーはチューブラーフレームで、フロアパンはスチール・パネルだった。また、5段ギアボックスが採用されている。1967年から生産が始まり、翌年からデリバリーされた。

ピッコラ・ディーノのパワーは、驚きというひとことで表現できるようなものではない。しかも、900kgという軽量なアルミ製ボディのおかげで最高速度235km/hにまで達した。コーナーでのハンドリングに優れたクルマだったが、生産台数はわずか150台だった。

246

1969年、206の姉バージョンが誕生する。それがディーノ246GTである。マラネロが続けるスポーツカーの革新がこの小型スポーツカーに贈ったものは、195psを発する2418ccのエンジンだった。エンツォはこの246GTで、2ℓ／2.2

ℓのリアエンジン・ポルシェを販売面で打ち負かせると考えた。このカテゴリーのポルシェといえばもちろん911で、"ライト（軽量）"グラントゥリズモの新星として熱い注目を集めていた。

エンジン・ブロックはフィアットの製作で、このモデルからは鋳鉄製に変更となり、フィアット・ディーノ（フロントエンジン）も2.4ℓとなった。そのほか、ホイールベースが6cm延長され、乾式単板クラッチが強化された。ドアとフード類にはアルミニウムが使用され（その後、アルミニウム製はフード類のみになった）、これらの改良により約80kg車重が増えはしたが、パワーも同時に向上した。燃料はツインチョーク・キャブレターによって供給されるが、このキャブレターはVバンクに設置された。

ボディは楕円鋼管と角型鋼管によるラダーフレームをメイン構造とし、それに前後サブフレームとボディパネルが装着された。また、アンダーパネルのコクピット付近にはグラスファイバーが使われている。ブレーキはサーボ付きの4輪ベンチレーテッド・ディスクで、ギアボックスはこれまでどおり5段である。ディーノ206との外見上のおもな違いは燃料タンクのキャップで、246GTはボディに埋めこまれカバーされている。

ファースト・シリーズがデビューしてからそれほど時間が経たないうちに、セカンド・シリーズが登場する。このときの変更はエクステリアに重点が置かれた。ホイールがセンターノック式から5本ボルト・タイプのものに変更になっているほか、フロントバンパー形状が変わり、グリルの内側まで延長された。シートにはヘッドレストが付き、MOMO製のステアリングホイールが装着された。

1972年、ディーノ246GTSが登場する。これはスパイダーで、ライバルはポルシェ911タルガと目された。ジュネーヴ・ショーでお披露目となった246GTSは（大排気量V12フェラーリ・スパイダーと同じように命名された）、ルーフ中央の脱着が可能（タルガ）で、GTとの違いは、このルーフと新たに装着されたボディ強化用のロールバーくらいの、実にわずかなものだった。

308／208GT4

メイド・イン・マラネロのタルガ登場から2年後、フェラーリ史において重要な意味を持つ

最後のV6

246GTが登場後、ほどなくしてフェイスリフトが行なわれる。エクステリアに重点をおいた小変更だった。生産は1974年1月まで、246GTSは同じく1974年の7月まで生産が続けられた。

テクニカルデータ
ディーノ308GT4（1974）

【エンジン】＊形式：90度V型8気筒／横置き ＊総排気量：2927cc ＊ボア×ストローク：81.0×71.0mm ＊最高出力：255ps／7700rpm ＊最大トルク：284Nm／5000rpm ＊圧縮比：8.8：1 ＊タイミングシステム：DOHC／2バルブ／ベルト駆動 ＊燃料供給：ツインチョーク・キャブレター ウェバー34DCNF×4基

【駆動系統】＊駆動方式：RWD ＊変速機：5段 ＊クラッチ：乾式単板／LSD ＊タイヤ：(前後)205/70R14

【シャシー／ボディ】＊形式：鋼管スペースフレーム＋スチール＆アルミボディ／2ドア・クーペ ＊乗車定員：4名(2+2) ＊サスペンション：(前)独立 ダブルウィッシュボーン／コイル，テレスコピック・ダンパー，スタビライザー (後)独立 ダブルウィッシュボーン／コイル，テレスコピック・ダンパー，スタビライザー ＊ブレーキ：ベンチレーテッド・ディスク ＊ステアリング：ラック・ピニオン

【寸法／重量】＊ホイールベース：2550mm ＊トレッド：(前)1460mm (後)1460mm ＊全長×全幅×全高：4300×1800×1180mm ＊車重：1150kg

【性能】＊最高速度：250km/h

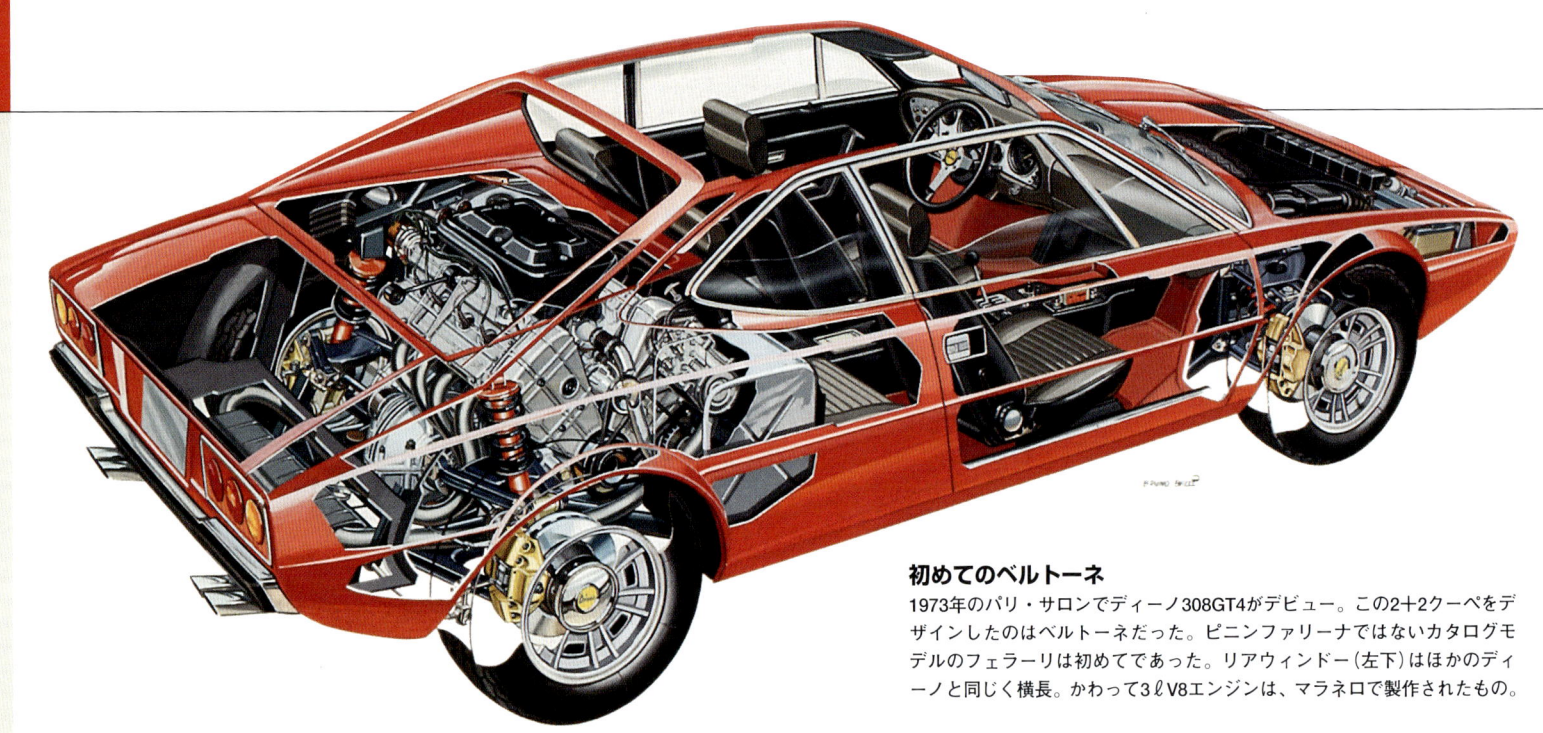

初めてのベルトーネ

1973年のパリ・サロンでディーノ308GT4がデビュー。この2+2クーペをデザインしたのはベルトーネだった。ピニンファリーナではないカタログモデルのフェラーリは初めてであった。リアウィンドー(左下)はほかのディーノと同じく横長。かわって3ℓV8エンジンは、マラネロで製作されたもの。

モデルがデビューする。とはいうものの、フェラーリ・ストーリーにとっては重要だったが、販売面では振るわなかった。

それはディーノ308GT4である。206のカテゴリーからは完全に抜けだしたモデルで、エンジンは6気筒から8気筒へ変更され、排気量は3ℓとなり、出力は255ps、最高速度は250km/hを記録した。このモデルはカヴァリーノとしては例外中の例外で、デザインはピニンファリーナではなく、ベルトーネに依頼された。

308GT4はスクエアな2+2で、ゴツゴツした角張ったデザインは、ラインのハーモニーが光るモデルではない。ランボルギーニのウラッコを彷彿させるデザインである。いっぽう、パフォーマンスは興味深い。エンジンはこのあとピ

64 Quattroruote ● Passione Auto

ニンファリーナ・デザインのモンディアル、2ℓ／3ℓの8気筒エンジンの2+2に受け継がれることになる。

308GT4は最後から2番目のディーノ・シリーズで、最後のモデルとなったのが208GT4だった。同じボディながら1991ccのV型8気筒を搭載し、出力は170psを発揮した。208はイタリア国内マーケット向けに開発されたモデルだった。この時代（その後も続くことになるのだが）、イタリアでは大排気量車に高額の付加価値税が課せられ、2ℓ以下はこの税金が免除されることから生まれたモデルだったのだ。308、208GT4ともに生産は1980年まで続けられた。

未来へのステップ
ディーノ308GT4（下）のスクエアなラインは、将来フェラーリの典型的なラインとなるものだった。前モデルから受け継いだのはダッシュボード（左）で、206／246GTをアップデートしたもの。キャビンは前方に出ており、リアにスペースを作りだしている。

ディーノ308GT4 インプレッション

スペシャル・イベント

「テスト用に車輌を貸しだしたことは一度もない」つねにこう宣言していたフェラーリだったが、今回のわれわれのイベントには特別に協力してくれた（『クアトロルオーテ』1975年1月号）。今回のテスト・ドライバーがエマーソン・フィッティパルディだったという事実が、フェラーリの協力を可能にしたといえる。F1ワールドチャンピオン"フィッティ"は、1973年にはクアトロルオーテのテストでデイトナに乗った経験も持つ。

テストドライブに入る前に、クアトロルオーテ誌はディーノ308GT4について、軽いおさらいをした。まずはクーペであること。エンジンはミドレイアウトで、ベルトーネがデザインしたが、製作はモデナのスカリエッティが行なったということ。4人乗りで、エンジンはV型8気筒の3ℓ、サスペンションとギアボックスは前モデル、ディーノ246のものを流用したということ。さて、これからエマーソン・フィッティパルディとの一問一答がスタートする──。「時代は変わった。ディーノのような特別なスポーツカーでも派手さを売りものにするのではなく、慎み深いデザインのほうが僕はいいと思う。だからこのクルマのデザインを僕はいいと思うよ。モダーンだよね」

室内はどうだろうか。プラス2のリアシートはトランクのサイズが小さいこともあって、荷物を置くスペースとしてはありがたい。ドライビングポジションはパーフェクトと評してかまわないだろう。スペース的にも問題はない。おもしろいと思ったのはコクピットが前にせりだしていて、まるでフォーミュラカーのような位置にあることだ。3ℓのV8エンジンは非常にフレキシブルで、限界までいくと激しさが出るタイプのエンジンである。街中では従順で滑らかだ。「308は、乗ったとたんに他のフェラーリとは違うってことが、すぐにわかるクルマだね。このタイプのクルマを求めるユーザーの要求がよくわかっている。ただし、最大限にこのクルマを振り回せるドライバーは少ないだろうけど」

ロードホールディングはディーノのなかでも最高の部類に入る。「エンスージアスティックな面を話さないといけないよね。何年にもわたるフェラーリのレースでの体験や経験が、パーフェクトな挙動のクルマを造りあげたといえると思う。どんなドライバーでもすぐに馴染むことができるフェラーリだ。クルマのレスポンスがすごくいい。スロットルもステアリングもだ。軌道修正がすごく楽で、背中に大出力のエンジンを載せていても、任せておける安心感がある。こう断言できるよ。ディーノはこれまで試乗したたくさんのクルマのなかでも、最高の部類に入る一台だってね」

性能を使いきる
エマーソン・フィッティパルディは、ムジェロのサーキットでもディーノ308GT4のステアリングを握り、クルマを縦横に走らせた。テストコースで彼はこのクルマのクォリティについて、「どんなコンディションにあっても落ち着いたクルマ」と評した。

308／208 GTB／GTS〜308クアトロヴァルヴォーレ　1975〜1985

よくできている
1975年にデビューした308GTBのテストを、クアトロルオーテでは元レーサーでありジャーナリストでもある、ポール・フレールに依頼した。彼はこのクルマを「マラネロの生産車のなかでスポーツ・ドライビングがもっとも楽しいクルマ」と定義した。インテリアで彼を感心させたのは、シート後ろに用意された荷物などが置けるスペースだった。

1975年10月のパリ・サロンに1台のフェラーリが登場した。大ヒットしたこのモデルは、バリエーションを増やしながら、15年にわたって生産され続けることになった。その名は308GTB──このシリーズはディーノ246GTの後継車として生みだされた、新しいスポーツ・ベルリネッタだ。モデナのスカリエッティが製作したボディは2シーターで、ディーノ206／246GTをベースにしている。いっぽう、エンジンは308GT4の250psの8気筒をベースに開発された。

308の開発ストーリーは公式発表の4年前に始まる。1971年、トリノのピニンファリーナがスタディモデルP6を披露するが、これには308ベルリネッタのラインがすでに見受けられたものの、全体的にはディーノ246の曲線基調を踏襲していた。1973年、P6はミッドシップの365GT/4BBとなり、その後デザインキーは308GTBへと向かう。308GTB誕生に際し、ピニンファリーナはスケールモデルを風洞実験室に運びこみ、その結果、ボディサイド左右にエアインテークを設けた。ヘッドライトはリトラクタブル式だが、テールライトは1970〜80年代のフェラーリを象徴する丸型で、リアのダックテール・スポイラーがスポーティさを強調する。ドライサンプ方式の採用とFRP製のボディパネルも、初期モデルの特徴である。308GTBは"グラスファイバー・ボディ"で有名だが、実際、スチール製のボディと比べて軽量で、最高速度は255km/hに達した。

1977年のジュネーヴ・ショーで、ピニンファリーナは308GTBをベースにしたプロトタイプを発表する。これは優れたエアロダイナミクスが売りもののモデルで、ブリスターフェンダーを留めるリベットがずらりと並び、エアロパーツが目を惹く。このスタイルから"ミッレキョーディ（Millechiodi：何千本もの釘の意）"という名前で呼ばれるようになった。

グラスファイバー

308GTBの初期モデルは、ボディにグラスファイバーを使用しているところが特徴。潤滑システムはドライサンプ方式。これにより後期モデルより性能がわずかに上回った。ドライビング・インプレッションが掲載されたのは1976年2月号の『クアトロルオーテ』。ポール・フレールはサスペンションが改良され、ロードノイズが減ったことで、ハイスピード時でもスタビリティが高く、快適であることを強調した。「グラスファイバーのボディもこのクルマの性能向上におおいに貢献している」

テクニカルデータ
308GTS（1975）

【エンジン】＊形式：90度V型8気筒／横置き ＊総排気量：2926cc ＊ボア×ストローク：81.0×71.0mm ＊最高出力：255ps/7700rpm ＊最大トルク：294Nm/5000rpm ＊圧縮比：8.8:1 ＊タイミングシステム：DOHC／2バルブ／ベルト駆動 ＊燃料供給：ツインチョーク・キャブレター ウェバー-マレッリ40DCNF×4基

【駆動系統】＊駆動方式：RWD ＊変速機：5段 ＊クラッチ：乾式単板／LSD ＊タイア：（前後）205/70R14

【シャシー／ボディ】＊形式：鋼管スペースフレーム＋アルミボディ／2ドア・タルガ ＊乗車定員：2名 ＊サスペンション：（前）独立 ダブルウィッシュボーン／コイル, テレスコピック・ダンパー, スタビライザー（後）独立 ダブルウィッシュボーン／コイル, テレスコピック・ダンパー, スタビライザー ＊ブレーキ：ベンチレーテッド・ディスク ＊ステアリング：ラック・ピニオン

【寸法／重量】＊ホイールベース：2340mm ＊トレッド：（前）1460mm（後）1460mm ＊全長×全幅×全高：4230×1720×1120mm ＊車重：1297kg

【性能】＊最高速度：252km/h

同年のフランクフルト・ショーで、GTBのタルガ・バージョン、308GTSがデビューする。ルーフは脱着可能だったが、車重は60kgあまり増加した。1981年のはじめ、308GTBとGTSにボッシュKジェトロニックが装着されたが、これが出力の低下（250ps→214ps）を招くことになった。

いっぽう、1980年にはイタリアの付加価値税に配慮した"小型モデル"、208GTBが誕生している。同じ8気筒エンジンながら排気量は2ℓで、出力は150psと控えめである。最高速度も低下し、215km/hという数値だった。

1982年には自然吸気の208GTBに代わり208GTBターボが誕生する。ターボチャージャーのおかげでパフォーマンスが格段に上がり、性能

タルガ登場

左は308GTS。脱着可能なルーフは、シート後部に設けられたスペースに収納することができる。左上の写真は"ミッレキョーディ"と呼ばれたピニンファリーナ製作のプロトタイプ。ベースとなったのは308GTBで1977年のジュネーヴ・ショーで公開された。

的には308に近づいた。出力は150psから一気に220psにまで向上、最高速度は購買意欲をそそられる数値、240km/hを達成した。8気筒をブーストしたのはKKK製のターボチャージャーで、過給圧は0.6バールである。これにより信頼性とスポーティなドライビングが保証された。208GTBターボの外見上の特徴は、左右のツインエグゾースト、ルーフ・スポイラー、リアタイアハウス手前のNACAダクトの3点だ。クライアントから歓迎され、喜ばれたモデルだった。

ベルリネッタのあとに続いたのは208GTSターボで、タルガ・ボディを持つモデルだ。1986年にはマイナーチェンジが施され、パワーアップしたモデルが登場、208というモデル名が取

細かな違い
外見上、208ターボ（下）とNAバージョンとの違いは、ルーフ・スポイラー、リアホイール前のNACAダクト（フレッシュ・エアをリアのブレーキとタイアに導入する）だ。シートの間、センターコンソール上にはフェラーリ独特のシフトレバーとゲートが見える（左）。
ベルリネッタの生産は1985年まで、タルガは1984年まで続けられた。1986年、この2台に代わってGTB／GTSターボが登場、1990年まで生産された。

税金回避

外見上、208と308に違いは見られない。違いはエンジンにあって、同じV8ながら208は2ℓ。このクルマの誕生を後押ししたのは、イタリアの付加価値税の存在だった。2000cc以上のクルマに課せられるこの税金から逃れるために、マラネロは208を生みだした。1982年、308クアトロヴァルヴォーレ誕生（73ページ）、ベルリネッタとタルガの2バージョンが用意された。生産は1985年まで。

り除かれた。GTBとGTSターボの生産は1990年まで続けられた。

1982年の終わり、**308クアトロヴァルヴォーレ**がデビューする。1気筒につき4バルブを持つことからこの名前が付けられたが、出力240psのエンジンは、新しい2＋2のモンディアル・クアトロヴァルヴォーレに搭載されたものだった。いっぽう、北米仕様の308は、1978年にアメリカの排ガス規制をクリアするため、インジェクションを採用し、出力は214psにとどまった。

クアトロヴァルヴォーレにはベルリネッタとタルガの2バージョンが用意され、1985年まで生産された。興味深いのはボディタイプの比率で、スカリエッティが製作した308GTBは4139台、全生産台数8004台の半分強しか占めず、意外とGTSの多いことがわかる。

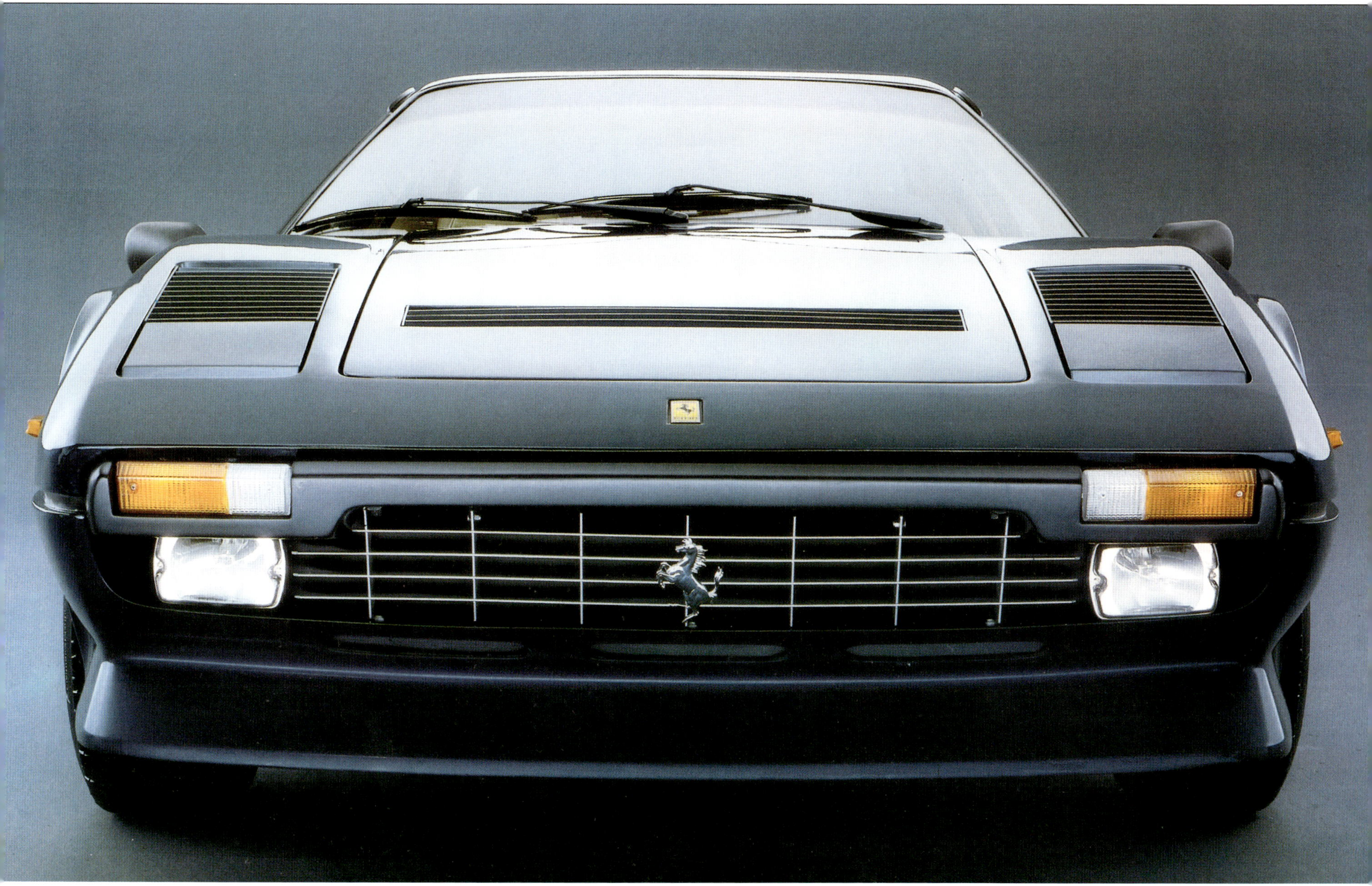

400 オートマティック/GT〜400i 1976〜1984

オフィシャル
365GT/4 2+2に比べ、400オートマティックは室内が洗練され、リアシートへのアクセスも容易になっている(下)。リアには6つのものに代えて4つのテールライトが装着された(右下/1979年の400i、写真はカタログからのもの)。

1976年のパリ・サロンで、カヴァリーノとして初めてオートマティックを搭載したニューモデルが発表され、話題となった。2+2モデルでスポーティな要素を抑え、快適さと運転しやすさに主眼を置いたニュー・フェラーリである。

モデル名を400といい、365GT/4 2+2のメカニカル・コンポーネンツ、ボディをベースに開発されており、この時代の典型的なデザインであるエッジの効いたスクエアなボディを持つ(デザインは例によってピニンファリーナ)。

変更点としてはまず、フロントにスポイラーとパッシングライトを兼用したフォグランプが装着された。ホイールはセンターロック式から5本スタッド式に変わった。また、テールライトが6つから4つになった。室内にはレザーがふんだんに使われ、コノリーの革巻きステアリングホイールを装着するなど、高級感を備えたモデルに仕上がっている。オプションは少なく、エアコンにいたるまでが標準装備の豪華仕様である(デビュー当時の価格は3172万5000リラ)。

エンジンはクランクシャフトが新設計された60度V型12気筒を搭載する。ストロークが71.0mmから78.0mmに伸張され、排気量は4823ccとなった。最高出力は340ps/6500rpmを発する。

荷重の大小に影響を受けることなく、車高を一定に保つオートレベライザーの採用はニュースにはちがいないが、しかし注目すべきは、なんといってもオートマティック・トランスミッションが採用された点だろう。マラネロとして

レタッチ
400オートマティックは365 GT/4のスクエアボディを受け継いでいるが、フロントにスポイラーが装着されている（冷却用のエアの流れを改善した）ほか、ドライビングランプが採用された（パッシングライトとして使用可能）。また、電動サイドミラーの採用により手元で操作が可能となった。

テクニカルデータ
400オートマティック（1976）

【エンジン】＊形式：60度V型12気筒／縦置き ＊総排気量：4823cc ＊ボア×ストローク：81.0×78.0mm ＊最高出力：340ps/6500rpm ＊最大トルク：471Nm/3600rpm ＊圧縮比：8.8:1 ＊タイミングシステム：DOHC／2バルブ／チェーン駆動 ＊燃料供給：ツインチョーク・キャブレター ウェバー38DCOE59/60×6基

【駆動系統】＊駆動方式：RWD ＊変速機：3段自動／トランスアクスル LSD ＊タイア：（前後）215/70R15

【シャシー／ボディ】＊スチールプレスフレーム＋スチールボディ／2ドア・クーペ ＊乗車定員：4名（2+2）＊サスペンション：（前）独立 ダブルウィッシュボーン／コイル、テレスコピック・ダンパー、スタビライザー （後）独立 ダブルウィッシュボーン／コイル、テレスコピック・ダンパー、オートレベライザー ＊ブレーキ：ベンチレーテッド・ディスク ＊ステアリング：ウォーム・ローラー

【寸法／重量】＊ホイールベース：2700mm ＊トレッド：（前）1470mm（後）1500mm ＊全長×全幅×全高：4810×1796×1310mm ＊重量：1700kg

【性能】＊最高速度：240km/h

は初めてのオートマティックの採用だった。キャディラック、それ以前にはロールス・ロイスやジャガーが採用したGM（ジェネラル・モータース）製の3段AT（ターボ・ハイドラマティック）が搭載されたが、幸いなことに、これが性能に悪影響を及ぼすことはなかった。くわえて、値段に上乗せすることなく、オプションで5段マニュアルを選択することも可能だった（この場合、車名は400オートマティックではなく400GTとなる）。

最高速度と0-400m加速はそれぞれ、オートマティックが240km/hと14.9秒、マニュアルが245km/hと14.8秒だった。各ギアの最高速度は、オートマティックの1速が98km/h、2速は164km/h、3速が240km/hとなる。再び加速に話を戻すと、0-1km加速は25.5秒、到達速度は210km/hであった。悪い数字ではない。特に1700kgという車重を考えると、決して悲観的とはいえない結果だ。排ガス規制が災いして、オートマティック大国であるアメリカに、公式に輸出されることはなかったが、個人輸入として持ちこまれるケースは多かった。

1979年、ウェバー38DCOEのキャブレターに代わって、ボッシュKジェトロニック・フューエルインジェクションに変更となる。これにともない車名も変更し、400iとなった。インジェクションの採用により、排気改善と引き換えにパワーダウンを余儀なくされ、310psまで低下した。これによってクルマは輝きを少しだけ失

うことになった。

　1982年9月、アメリカのフェラーリ・インポーターの強い希望によって、わずかながらパワーアップが実現する（315ps）と同時に、仕上げや室内に見直しが図られた。3年後の1985年には、400iは412に道を譲ることになる。ボアを81.0mmから82.0mmに1mm拡大し、排気量を大きくしたモデルだった。

　400は1976年から79年までにオートマティックとGTが502台、400iは1979年から85年までに1308台が、それぞれ生産された。

3段もしくは5段

76ページの写真は、3段オートマティック・トランスミッション搭載の400オートマティックと、5段マニュアル・トランスミッション搭載の400iの室内。MTはオプションだが、価格は変わらなかった。iはインジェクションを意味する。左の2点と76ページ下の写真は1982年以降のもの。この仕様からダッシュボードが変更になり、同時にレザー・シートがピンと張られたものから皺の入ったタイプに変わった（1983年に再び元に戻されている）。
外見上、400i（1979年9月から）はキャブレター仕様と変わらない（左）。1982年のパリ・サロンで発表されたモデルに施されたマイナーチェンジは、パワーがわずかに向上（5ps）したほか、リアのサスペンションが変更を受け（ガスダンパーの採用）、グリルがボディ同色となった。

Passione Auto • Quattroruote 77

365GT/4BB〜512BBi 1973〜1984

365GTB/4デイトナが1970年代を先取りしたとすれば、BBファミリー、すなわちベルリネッタ・ボクサーたちは、時代を思う存分に生きた象徴的な存在といえるだろう。技術的にも、その強くスポーティなスタイリングも、まさに時代の申し子だった。

BBは312Pスポーツ・プロトタイプカーと312B F1用のパワーユニットで得た経験から誕生した。エンジンは12気筒だが、V型ではなくフラット、いわば180度のV型で、これによりクルマの重心が下がり、ロードホールディングが向上、空力特性も大幅に改善した。

ベルリネッタ・ボクサー
BBは水平対向12気筒エンジンを搭載。BBの最初のBは、もちろんベルリネッタのB。ふたつ目のBは、水平対向エンジンを表わしたボクサーという呼び名を意味する。右上はスポーティな室内。プロトタイプ(79ページ)に比べると、シリーズ・モデルはテールライトが6つとなり、エグゾーストパイプも6本となった(下)。

BBストーリーのすべては1971年のトリノ・ショーから始まった。このショーで水平対向12気筒エンジンをミドマウントしたプロトタイプが発表される。スタイリングはピニンファリーナが手がけたディーノを彷彿させるもので、車高が低く、スリークながら先進的といえる。リトラクタブル・ヘッドライトがあるフロントフードは、フェンダーと一体化していた。リアウィンドーは横長で、高さはなく幅広である。このウィンドー上にディフレクター(スポイラー)が装着されているが、特殊なボディ形状ゆえ、負圧が発生しやすい真下のエンジンフード部分へ向けてエアフローをコントロールしなければならず、フレッシュエアを効率的にキャブレター供給するために必須だった。

ディーノの息子

365GT/4BBのプロトタイプは1971年のトリノ・ショーで公開された。ディーノの典型的なスタイリング要素をモダーンに進化させたデザインを持つ。シャープでアグレッシヴ、特にリアウィンドーが特徴的だ。

365GT/4BB

トリノ・ショーから2年が経過した1973年夏、このプロトタイプをベースに1台のフェラーリが誕生する。デイトナの後継車は、デイトナ同様、明快な個性と非常に美しいスタイリングを持ったモデルである一方、革新的技術も多く備わっていた。たとえばギアボックスである。365GT/4BBのそれはディファレンシャル・ユニットと一体化してエンジンの下に配置されており、エンジン後方に設置された3枚1組のギアによって、エンジンパワーがギアボックスへ伝達される。スカリエッティが製作を担当したボディはアルミ製である。トリノでプロトタイプが発表されたあと、ボディにはいくつかの変更が加えられた。給油口が車体の左側、クォーターピラー上に移されたほか、リアを特徴づけるテールライトが6つとなった。このテールライトに呼応するように、左右に3本ずつエグゾーストパイプが見える。

エンジンは期待にたがわず、すばらしい性能を備えていた。軽合金製の水平対向4.4ℓエンジンは380psを発する。燃料供給はウェバー40、ツインチョーク・キャブレターが行なう。エアロダイナミクスに富んだボディと、このボディに収まった技術が、365GT/4BBを300km/hの世界に導く。ロードホールディングも最高水準で、これはフロント44%、リア56%というほぼ理想的な重量配分によるところが大きい。

実際の動力性能はどうだろうか——デイトナの記録が一瞬にして過去のものとなった。フロントエンジン最後の偉大なグラントゥリズモが、ボクサーにその道を譲ったのだ。

1972年、312PB（プロトタイプ・ボクサー／450ps／3ℓ）がワールド・スポーツカー・チャンピオンシップを制覇、1975年と77年には水平対向エンジンのF1マシーンを駆ったニキ・ラウダがドライバーズチャンピオンとなり、1979年にはあとに続いたジョディ・シェクターがタイトルを獲った。このレースでの輝かしい勝利がカタログモデルを生みだしていくことになるの

変わりなし
365GT/4BBのフロント部分は1971年に発表されたプロトタイプと同じ。ボディはアルミニウム製で、車重はわずか1160kg。全高は1.12m。最高速度300km/hを叩きだした。

だが、365GT/4BBは1976年、387台の生産をもって使命を終える。

512BB

365より排気量が大きくなったにもかかわらず、パワーが低下しているのは、アメリカの排ガス基準を考慮してのことだ。まさにこの規制があるがために365GT/4BBが大西洋を渡ることはなかった。12気筒水平対向エンジンの性能を低下させないために、あえてアメリカには輸出しなかったのだ。512BBも同様だったが、それでも排ガス規制に従うことは、すでに避けては通れない道となっていた。

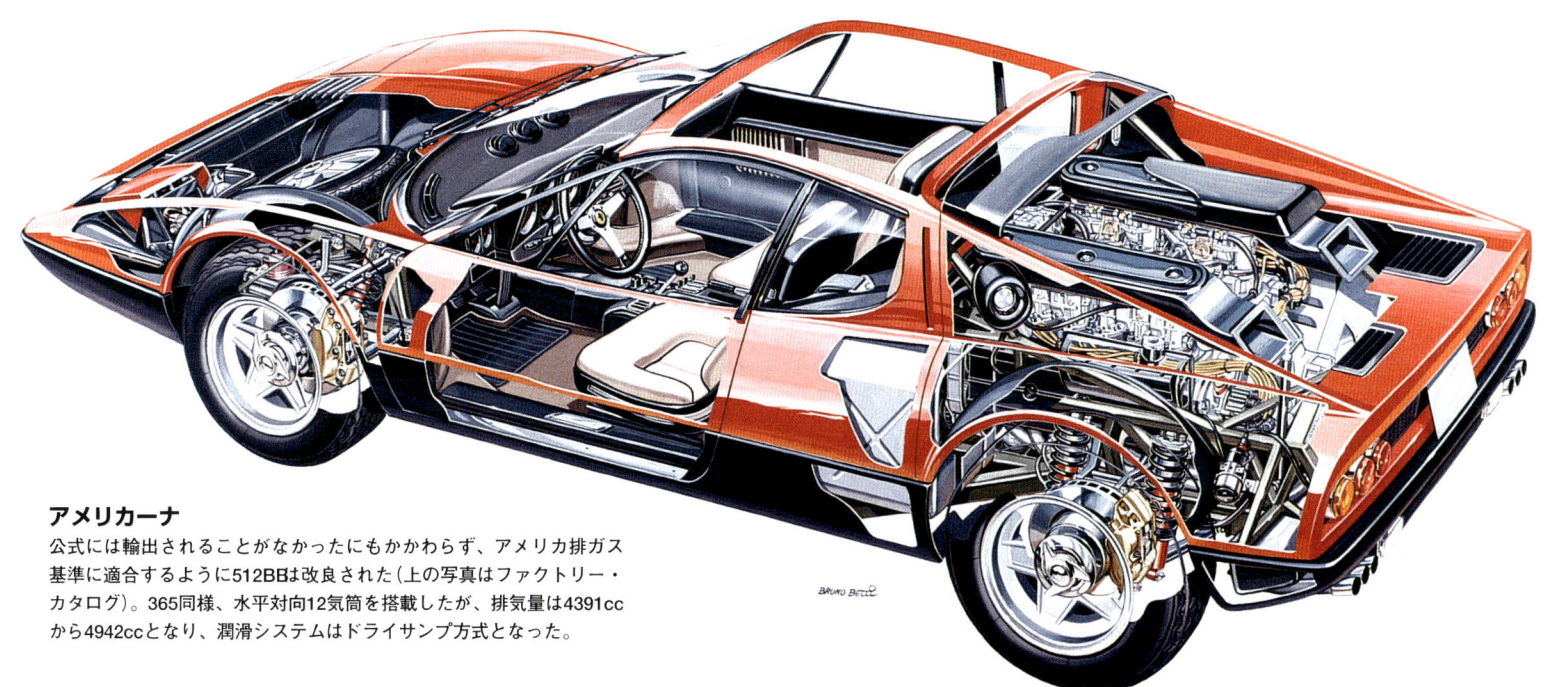

Ferrari BB512
berlinetta boxer
pininfarina

アメリカーナ
公式には輸出されることがなかったにもかかわらず、アメリカ排ガス基準に適合するように512BBは改良された（上の写真はファクトリー・カタログ）。365同様、水平対向12気筒を搭載したが、排気量は4391ccから4942ccとなり、潤滑システムはドライサンプ方式となった。

テクニカルデータ
512BB（1976）

【エンジン】＊形式：水平対向12気筒／縦置き ＊総排気量：4942cc ＊ボア×ストローク：82.0×78.0mm ＊最高出力：360ps／6600rpm ＊最大トルク：451Nm／4600rpm ＊圧縮比：9.2：1 ＊タイミングシステム：DOHC／2バルブ／ベルト駆動 ＊燃料供給：トリプルチョーク・キャブレター ウェバー40IF3 C×4基

【駆動系統】＊駆動方式：RWD ＊変速機：5段 ＊クラッチ：乾式複板／LSD ＊タイヤ：(前) 215/70R15 (後) 225/70R15

【シャシー／ボディ】＊形式：鋼管スペースフレーム＋スチール＆アルミボディ／2ドア・クーペ ＊乗車定員：2名 ＊サスペンション：(前) 独立 ダブルウィッシュボーン／コイル, テレスコピック・ダンパー, スタビライザー (後) 独立 ダブルウィッシュボーン／コイル, テレスコピック・ダンパー, スタビライザー ＊ブレーキ：ベンチレーテッド・ディスク ＊ステアリング：ラックピニオン

【寸法／重量】＊ホイールベース：2500mm ＊トレッド：(前) 1500mm (後) 1563mm ＊全長×全幅×全高：4400×1830×1120mm ＊車重：1400kg

【性能】＊最高速度：280km/h

より豪華になった室内
1981年、512BBiの室内が変わる。エルメネジルド・ゼニアの生地が使われ、ダッシュボードはレザーで覆われることになった。エアコン、オーディオ、パワーウィンドーは標準装備。外見上でインジェクション・モデルと識別できるのは新しくなったサイドミラーである。

512というモデル名は、フェラーリの伝統である1気筒の排気量数から付けられたものではない（1気筒あたり411.8cc）。512という名は5ℓ12気筒から付けられたものだ。

エンジンは365GT/4BBのユニットを改良しており、4391ccから4942ccに拡大されている。排気量は大きくなったが、出力は反対に380psから360psに低下した。最高速度も同様で、365の300km/hが512では280km/hとなっている。加速性能も低下しているが、これは1160kgから1400kgに増えた車重も災いしたのだろう。365GT/4BBでは潤滑方式にウェットサンプ方式が採用されたが、512ではレースマシーンで使用

されていたドライサンプ方式に戻された。

初期モデルのBBと比べると、512のほうが外見上モダーンなスタイリングに仕上がっている。新しくフロントに装着されたリップスポイラーにより、ハイスピード時のロードホールディングが向上した。リアホイールアーチ直前のボディサイドにNACAダクトが装着されたが、これはリアブレーキを冷却するために設けられたものだ。

後部に施された変更のなかでもっとも重要なものは、リアセクションが4cm長くなったことに加えて、テールライトが6つから4つになった点だろう。エグゾーストパイプも6本から4本に減らされている。エンジンフードのルーバーも多少変更された。また、リアタイアがワイド化されたことにより、リアフェンダーも拡大された。室内ではスイッチ類の配置が変わっている。

1981年、4基のウェバー製トリプルチョーク・キャブレターに代えて、ボッシュKジェトロニック・インジェクションが採用された。これが512BBiと呼ばれたモデルだ。インジェクションの採用によってパワーがさらに低下し、310psとなった。タイアは前後ともミシュランの同サイズのものが採用されたことで、ロードホールディングは向上した。外見上ではパーキングライトがフロントバンパーに内蔵され、サイドミラーのデザインも変わった。512BBのシャシーにはクラシックなチューブラーフレームが採用されている。ボディはキャビン部分がスチール製、フードは前後ともアルミ製、前後のバンパーは強化グラスファイバー製である。

512BBの室内は、このクルマのために用意されたエルメネジルド・ゼニアのファブリックとコノリーのレザーがふんだんに使われ、実にラクシュリーに仕上がっている。オプションでシート全体をレザーにすることもできた。このモデルになって初めて、ボディカラーは単色が標準となり、ツートーンはオプションとなった。1984年、512BBの生産は1936台で終了。後継モデルにはテスタロッサが控えることになる。

コンポジット
エクステリアとメカニズムの両面が改良され、インジェクション・モデルが登場した。タイアは前後とも同じサイズとなり、ボディの一部には強化グラスファイバーが採用された。512BB、365GT/4はともにオールアルミ製だった。

512BB インプレッション

"プラスティック"カー

1981年11月号の『クアトロルオーテ』の表紙はアウディGT5S。このクルマも512BBi同様、テストが行なわれた。目次には、自動車産業におけるプラスティックの果たす役割についての記事が見られる。「しようと思えば、すぐにでもプラスティックカーを製作することは可能だが、デメリットとコストを見極めるために、しばらく待つ必要があるだろう」時代を感じる。まちがいなく1981年の記事だ……。

512BBiのようなスポーツカーのキャラクターを定義するのはとても難しい作業だ。『クアトロルオーテ』のような自動車専門誌にとっても難解なことに変わりはない。この難題に挑むことになったジャーナリストはカルロス・ロイテマン（Carlos Reutemann）だった。アルゼンチン出身のF1パイロットである。彼が1981年11月号に掲載されるマラネロのベルリネッタのテストを担当することになったのだ。フォード・エンジンを搭載したウィリアムズを駆って、ふたつのグランプリ（ブラジルとベルギー）で優勝を飾った彼は、きっぱりとこう言いきる。

「こんなにフォーミュラカーに近いクルマを運転したことはこれまでに一度もないよ。このBBに乗って、1977年にドライブしたフェラーリ312Tを思い出した」

彼のいうとおりだった。なぜなら事実、このクルマには1970年代の"ロッサ（赤い）"のフォーミュラカーと同じく水平対向エンジンが搭載されているのだ。パワーも充分で、計測結果がそれを示していた。0−1km加速のタイムは25.7秒で、最高速度は280km/hをマークしている。これまでナルド（Nardò）のテストコースを走ったクアトロルオーテのテスト車のなかでも、BBのタイムはGTとしては最高の部類に属する。ステアリングを握ったロイテマンをおおいに驚かせたようだった。「ちょっと気を許したんだ。派手にスロットルを踏んだら、BBはあっという間に手に負えなくなっちゃったよ」

もうひとつ驚いたのは、エンジンが非常にフレキシビリティに富んでいたことである。シフト操作にはちょっとした繊細さが要求されたが、典型的なフェラーリのシフトフィールだった。どちらかというと重めのクラッチはフェードに弱いようだ。スポーツ・ドライビングをするには軽さが気になるハンドリングは、通常の路面コンディション下ではコーナーへの進入に際してドライバーをうまくアシストするが、出口ではオーバーステアを修正する必要に迫られる。ブレーキ性能は高い。乗り心地については好意的な評価ではなかった。サスペンションが硬いことに加え、キャビンへのノイズの侵入が気になった。

ロードホールディングについてはどうだろうか。アルゼンチン人ドライバーはこう語る。「60〜70％くらいの完成度といえるだろう。ただし、限界を超えると注意が必要だよ。パワーで痛い目にあわされないようにね。このマシーンを存分に楽しむには、各部のセッティングとタイヤが、もっとレース仕様に近いほうがいい。限界になると、わずかだけどグリップとロールに問題が認められた。でもオープンロードで、このスポーツカーのすべてを思いきり楽しめるドライバーはそう多くはいないと思う。誰でも乗れるってわけにはいかないクルマだよ」

BBに逃げられた
カルロス・ロイテマン。フォーミュラ1ドライバーであり、クアトロルオーテの1日テストドライバー。コーナー出口でベルリネッタ・フェラーリのパワーにしてやられた。

PERFORMANCES

最高速度	km/h
	280

発進加速

速度(km/h)	時間(秒)
0−60	2.9
0−80	4.4
0−100	6.0
0−120	8.0
0−140	10.6
0−160	14.0
0−180	18.0
0−200	24.2
停止−400m	14
停止−1km	25.7

追越加速(5速使用時)

速度(km/h)	時間(秒)
30−60	7.4
30−80	11.6
30−100	15.9
30−120	20.4
30−140	24.9
30−160	29.8
30−180	35.2

制動力

初速(km/h)	制動距離(m)
140	91

燃費(5速コンスタント)

速度(km/h)	km/ℓ
60	8.7
80	8.2
100	7.5
120	6.9
140	6.4
160	6.0

モンディアル 8／クアトロヴァルヴォーレ／3.2 1980〜1989

ノーサンキュー

1980年のジュネーヴ・ショーでデビューしたモンディアル8は、1982年までカタログにその名を残した。合計生産台数はわずか703台。ベルトーネの手による308GT4の後継モデルだったが、デザインはピニンファリーナが手がけた。キャビンスペースを確保するためにホイールベースが10cm長くなった。

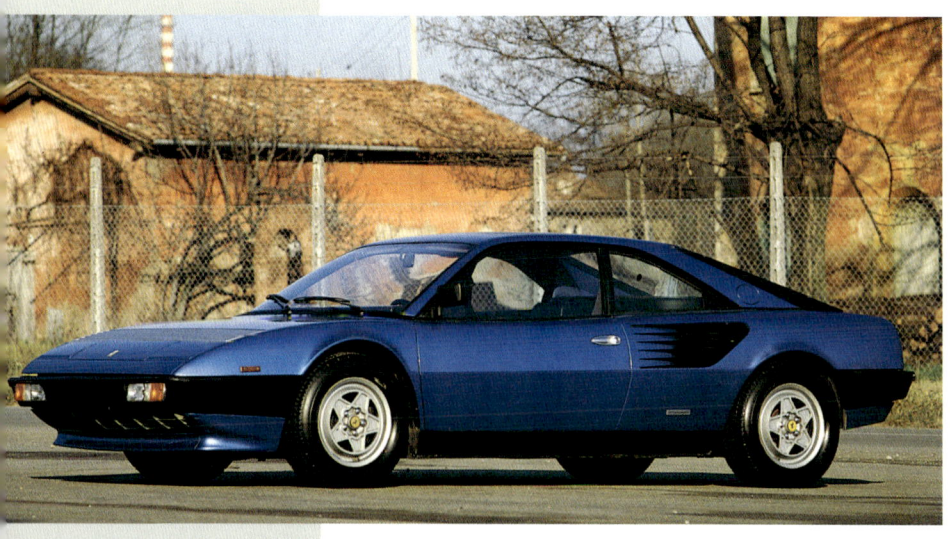

ネーミングは野望に満ち、プロジェクトも野心満々──しかし現実は厳しいもので、期待どおりとはいかなかった。

308GT4の後継車として、1980年に誕生したカヴァリーノ・ランパンテの新しい2+2、モンディアルは、スクエアで角張ったスタイリングだったが、誰からも好かれるデザインというわけではなかったようである。だがいずれにしても、フェラーリの期待を担ったモデルにはちがいなかった。カブリオレを含め、1990年のはじめまでに6800台が生産され、2+2モデルは12気筒の456GTに一本化された。モンディアルの生産終了によって、フェラーリのカタログからは8気筒の2+2がなくなった。

前モデルの308GT4と大きくかけ離れたデザインにならないよう配慮されたモンディアル8だったが、今回、スタイリングを手がけたのはベルトーネではなく、ピニンファリーナだった。このトリノの老舗カロッツェリアは落ち着いたラインを選んだ。エクステリアはどちらかといえば平凡なラインだったが、ストレッチされたスチール製のチューブラーフレーム・シャシーのホイールベースは2.65mと、ほとんどセダン並みの長さであった。とてもスポーティ2+2クーペのホイールベースとは思えないが、高いロードホールディングに貢献するものではある。その長さのため、エレガントなスタイリングで、かつ2+2のスペースを確保しなければならないデザインを考えるのは、大きな課題だった。結果、仕上がったのは、ウィンドシールドにすんなり続く、傾斜がついた短いフロントノーズに、落ち着きのある長いグリーンハウスとテールというスタイリングである。エアインテークがリアサイドウィンドーの下に備わるが、すっきり見せるために、特徴的な横長形状のデザインには細心の注意を払った──そんな感じだ。いっぽう（黒のラバー枠のついた）Cピラーはエンジンフードまで伸びている。コーダ・トロンカのリアセクションが、もっともフェラーリの伝統を感じさせる部分だろう。ナンバープレート両脇に丸いテールライトが並ぶが、これは308GTBと同じものだ。バンパーの下にはクロームメッ

Passione Auto • **Quattroruote** 87

テクニカルデータ
モンディアル8 (1980)

【エンジン】＊形式：90度V型8気筒／横置き ＊総排気量：2926cc ＊ボア×ストローク：81.0×71.0mm ＊最高出力：214ps／6600rpm ＊最大トルク：243Nm／4600rpm ＊圧縮比：8.8：1 ＊タイミングシステム：DOHC／2バルブ／ベルト駆動 ＊燃料供給：機械式インジェクション ボッシュKジェトロニック

【駆動系統】＊駆動方式：RWD ＊変速機：5段 ＊クラッチ：乾式単板／LSD ＊タイヤ：(前後)240/55R390

【シャシー／ボディ】＊形式：鋼管スペースフレーム＋スチール＆アルミボディ／2ドア・クーペ ＊乗車定員：4名（2+2）＊サスペンション：(前)独立 ダブルウィッシュボーン／コイル、テレスコピック・ダンパー、スタビライザー (後)独立 ダブルウィッシュボーン／コイル、テレスコピック・ダンパー、スタビライザー ＊ブレーキ：ベンチレーテッド・ディスク ＊ステアリング：ラックピニオン

【寸法／重量】＊ホイールベース：2650mm ＊トレッド：(前)1495mm (後)1517mm ＊全長×全幅×全高：4580×1790×1260mm ＊車重：1512kg

【性能】＊最高速度：219km/h ＊0－100km/h加速：28.0秒

伝統様式

モンディアルは、フェラーリの伝統的な構造様式である太い楕円鋼管フレームがシャシーの主体となり、エンジンの後方にトランクスペースが確保されている。下はカブリオレ。クアトロヴァルヴォーレになっても同じ外観のオープン・バージョン。キのエグゾーストパイプが勇ましく並ぶ。

しかし、ピニンファリーナの懸命の努力にもかかわらず、このフェラーリが人々の心に響くことはなかった。ユーザーが抱くフェラーリのイメージからは、あまりにかけ離れたものだったからだろう。くわえて、期待を裏切った性能も不人気の要因だった。モンディアルは308GT4より遅かったのだ。原因はインジェクションを搭載したことにあり、8気筒の特徴である快音はこのフェラーリにはなかった。車重1512kg（308GT4より300kg以上重い）、2926ccのエンジンが生みだすパワーは214psで、最高速度は219km/hで打ち止めだった。パワー不足の原因は、燃費の向上を図ったことと（前モデルより20％向上）、大気汚染対策を施したためだった。

他にも欠点があった。シフト操作にちょっとした力が必要だったことや、ステアリングも重かったことだ。そのかわりといってはなんだが、キャビンは快適で仕上がりのレベルも高かっ

た。シートはコノリー・レザーもしくはレザーとファブリックのコンビネーションを選ぶことができ、エルメネジルド・ゼニアが手がけたファブリック・コンビネーションは、夏は涼しく冬は暖かい優れもののシートだった。

性能を上げるために、1982年の夏、308GTB／GTSと同じく、1気筒につき4バルブを備える**モンディアル・クアトロヴァルヴォーレ**が登場する。出力は240psに向上し、加速力が増した。

1983年の終わりには、オープン・モデルが誕生する。それが**モンディアル・カブリオレ**で、オープンといってもタルガを採用した308／208シリーズとは異なる、正真正銘のオープンカーだった。1973年にデビューした365GTS/4の生

インジェクション
インジェクションの採用によって、フェラーリV8特有のサウンドとパワーを失った。そのため、フェラーリはクアトロヴァルヴォーレをデビューさせる。これによりパワーも戻り、ドライビング・プレジャーも増した。

モディファイ

クーペとスパイダー(下)の2バージョンが用意された3.2は、クアトロヴァルヴォーレの後継モデルだ。この新型では、その後のフェラーリにも影響を与えた重要な改良がエクステリアに施されている。フェイスリフトの主眼はフロント周り、バンパー、そしてホイール。室内は基本的に手が入れられることはなかった。ダッシュボード(91ページ)は落ち着いたデザインでエレガント、それでいてスポーティ。すべて完璧な仕上がりといかないのは、フェラーリならではの手作業のため。

産が終了して以来、10年にわたって欠如していたモデルでもある。モンディアル・カブリオレは幌の有無にかかわらず、非常にエレガントなたたずまいを持つ。下ろしたトップは専用のトノーカバーで覆い、リアシートの後ろに格納される。シャシーはそれほど強化されず、車重の増加は55kg(トータルで1490kg)に収まった。最高速度にも変化はなく230km/hを記録し、メカニカルパーツもキャビンもクーペと同一である。ユーザーから大歓迎を受け、製作されたカブリオレのうちの80%がアメリカに渡った。

1985年、モンディアル3.2がデビューする。前

モデルに代わって登場したクーペとカブリオレである。フロントのコンビネーションライトが横長になり、バンパーはボディと同色に塗装された。室内も見直しが図られ、改良されたエアコンが装着された。バルブ数も変わりなく、1気筒につき4バルブだったが、排気量3184ccのエンジンが270psを絞りだした。3000ccモデルに比べると、30psの向上をみたことになる。最高速度は250km/hに到達した。モンディアル3.2の生産は1989年まで続けられ、モンディアルtに代わった。もっとも、このtではメカニズムが大きく変更することになるのだが……。

テクニカルデータ
モンディアル3.2（1985）

【エンジン】＊形式：90度V型8気筒／横置き ＊総排気量：3184cc ＊ボア×ストローク：83.1×73.6mm ＊最高出力：270ps／7000rpm ＊圧縮比：8.8：1 ＊タイミングシステム：DOHC／4バルブ／ベルト駆動 ＊燃料供給：機械式インジェクション

【駆動系統】＊駆動方式：RWD ＊変速機：5段 ＊クラッチ：乾式単板 ＊タイア：(前)205/55R16 (後)225/55R16

【シャシー／ボディ】＊形式：鋼管スペースフレーム＋アルミボディ／2ドア・クーペ ＊乗車定員：4名(2＋2) ＊サスペンション：(前)独立 ダブルウィッシュボーン／コイル，テレスコピック・ダンパー，スタビライザー (後)独立 ダブルウィッシュボーン／コイル，テレスコピック・ダンパー，スタビライザー ＊ブレーキ：ベンチレーテッド・ディスク ＊ステアリング：ラックピニオン

【寸法／重量】＊ホイールベース：2650mm ＊トレッド：(前)1520mm (後)1510mm ＊全長×全幅×全高：4535×1795×1235mm ＊車重：1410kg(カブリオレ：1400kg)

【性能】＊最高速度：250km/h

モンディアル3.2 インプレッション

「スタイリングは魅力に欠け、姉妹車の328GTB／GTSに比べると強さも感じられない。フロントは鈍重で、なによりルーフが長い」

『クアトロルオーテ』1988年2月号に掲載されたモンディアル3.2のテスト記事は、こんなフレーズで始まっている。デザインが災いしたようで販売は振るわなかった。フェラーリでは800〜1000台の販売を見こんでいたが、実際に売れた台数は、12ヵ月で500台に手が届くかどうかだった。

それでも、技術的にほかのフェラーリに劣っているわけでもなければ、パフォーマンスが悪いわけでもない。計測結果でもわかるように、充分な成績を残していた。

メイド・イン・マラネロの32バルブ・エンジンについて、「通常走行、スポーツ走行にかかわらず、いかなる状況でもその挙動は変わらない」と、テスターは記す。「当然のことながら、マルチバルブが本領を発揮するのは4000rpmを超えてからだ。パワーが右足の入力に対してスムーズに発生するようになって、唐突なところがないオイシイ領域だ」

パフォーマンスについても5つ星を獲得した。ブレーキフィール（テスト車輛はオプションのABSを装備）とスタビリティも、ともに5つ星である。かわって加速は4つ星で、ギアボックス、ハンドリング、ロードホールディングも同様に4つ星だった。3つ星にとどまったのは制動力だが、それは1600kgもある車重の問題だろう。乗り心地も3つ星で、これはサスペンションの設定が硬く、リアのパセンジャースペースが狭いことによるものだ。

もっとも当惑させられたのは燃費で、スポーティ・ドライビングだと4〜5km/ℓという有様だった。「5ℓのBMW750iLでさえ、このクルマより経済的だ」とのことで、2つ星である。

記録
『クアトロルオーテ』の発売部数が77万部を達成。これもひとえに読者のおかげだ。1988年2月号の表紙はフィアット・ティーポ。当時テストしたクルマのなかでも、もっとも注目されていた。興味深い記事としてはABS比較、そしてブガッティ回顧録。この名門ブランド復活のチャンスが訪れた時だった。

PERFORMANCES

最高速度	km/h
	245.294

発進加速

速度（km/h）	時間（秒）
0－60	3.2
0－80	5.2
0－100	7.0
0－120	9.3
0－140	12.2
0－160	15.9
0－180	20.3
0－190	24.6
停止－400m	14.9
停止－1km	26.9

追越加速（5速使用時）

速度（km/h）	時間（秒）
70－90	4.5
70－100	6.7
70－120	11.5
70－140	16.2
70－160	21.3

制動力

初速（km/h）	制動距離（m）
80	24.9
100	38.9
120	56.0
140	76.2
160	99.5
170	112.4

燃費（5速コンスタント）

速度（km/h）	km/ℓ
80	10.2
100	9.3
120	8.2
140	7.1
160	6.1
170	5.7

プア

フェラーリの伝統に従い、カタログに並んだ標準装備品はわずかで、"必須"品のみだった。これは価格を考えると理解に苦しむ設定だ。標準装備されたのはカーステレオ、エアコン、LSDで、ABSはオプション。

288GTO 1984〜1985

　1984年、20年の空白を経て、250GTOの神話が再びよみがえる——といっても、ストーリーはまったく別のものだった。
　288GTOはマラネロが1980年代に（ごく少数の限定）生産を決定した、スーパーカー・シリーズのファーストモデルとしてデビューした。エンツォ自身の言葉を借りれば、「フェラーリのプレスティッジのブルジョワ化」の傾向をひっくり返すことが目的だった。このモデルに続くのがF40、F50、エンツォ・フェラーリということになる。セレブリティ感あふれるスペシャルで、そして多方面から渇望された"ベリッシモ・フェラーリ"でもある。
　288GTOはグループBのホモロゲーション用ロードゴーイング・モデルで、ホモロゲーションを獲得するには、連続する12ヵ月で最低200台の生産が義務づけられていた。これがホモロゲーションを示す"O"の前にグラントゥリズモ、"GT"と付けられた由来である。しかし実際のところ、このフェラーリは、パワーにあふれたスーパー・パフォーマンスのエキゾティックカーとして残ることになった。というのも、レースへの参戦が実現しなかったからで、開発の最中にグループBカテゴリーの廃止が決定されたのである。ちなみに、ミケロット（Michelotto）が用意したエヴォリューション・バージョンも、サーキットにその姿を現わすことはほとんどなかった。ミケロットのプロジェクトはボディも含めた全面的な開発で、フェラーリを仰天させたが、これがF40の出発点となった。
　288GTOが登場したのは1984年のジュネーヴ・ショーだった。押しの強くなった308といった雰囲気だったが、その実力は308をはるかに凌ぐものだった。スタイリングこそ308を踏襲していたが、ボディパネルはFRPをベースにしながら、場所によってケブラー（エンジンフード類に採用）や複合素材（カーボン／ノーメックス／FRP／合金）が使い分けられている。
　プロジェクトのスーパーバイザーはニコラ・マテラッツィ（Nicola Materazzi）である。チューブラーフレーム・シャシーのホイールベースは110mm延長され、308の前後1460mmのトレッドはフロント1559mm、リアが1562mmに拡大された。全輪独立式のサスペンションは、不等長Aアームとコイルスプリング／ダンパーからなるダブルウィッシュボーンだ。専用ホイール

F1ストラダーレ
外見上は308と似ているものの、288GTOは空力特性に富んだフェラーリだ。リアのフェンダーには3本のスリットが入るが、これは1962年の250GTOを思わせる。大きなサイドミラーが目を惹くこのスーパーカーは、エクステリア、エアロダイナミクス、ともにマラネロの技術陣とピニンファリーナ・リサーチセンターのスタッフの協力体制のもとに実現された。

速さを誇示するライト

通常のリトラクタブル・ヘッドライトのほかに、288GTOにはグリルの両側にふたつずつドライビングライトが配置された。内側は補助のハイビーム兼パッシングライトで、外側がパッシング専用のライト。空力向上のために、ブリスター状に膨らんだフェンダーでグラマラスな抑揚がつけられている（BBや、ピニンファリーナが308で試みたミッレキョーディ・プロトタイプと同じようなデザイン・コンセプト）。写真はピニンファリーナの風洞実験室前にて撮影されたもの。

Passione Auto **Quattroruote** 95

テクニカルデータ
288GTO（1984）

【エンジン】＊形式：90度V型8気筒／縦置き ＊総排気量：2855cc ＊ボア×ストローク：81.0×71.0mm ＊最高出力：400ps／7000rpm ＊最大トルク：496Nm／3800rpm ＊圧縮比：7.6：1 ＊タイミングシステム：DOHC／4バルブ／ベルト駆動 ＊燃料供給：電子制御インジェクション／ツインターボ＋インタークーラー

【駆動系統】＊駆動方式：RWD ＊変速機：5段 ＊クラッチ：乾式単板／LSD ＊タイヤ：(前)225/55R16 (後)265/50R16

【シャシー／ボディ】＊形式：鋼管スペースフレーム＋コンポジット・マテリアル・ボディ／2ドア・クーペ ＊乗車定員：2名 ＊サスペンション：(前)独立 ダブルウィッシュボーン／コイル，テレスコピック・ダンパー，スタビライザー (後)独立 ダブルウィッシュボーン／コイル，テレスコピック・ダンパー，スタビライザー ＊ブレーキ：ベンチレーテッド・ディスク ＊ステアリング：ラックピニオン

【寸法／重量】＊ホイールベース：2450mm ＊トレッド：(前)1559mm (後)1562mm ＊全長×全幅×全高：4290×1910×1120mm ＊車重：1160kg

【性能】＊最高速度：305km/h ＊0－100km/h加速：4.9秒

はリムがボルトで固定された5本スポークを採用した。ピニンファリーナの風洞実験室でのテストを経て決定されたボディ・デザインだが、Cd値はなんと0.37を記録した。

しかし、なんといっても注目すべきはパワーユニットである。エンジンは90度V型8気筒、各バンクに1基ずつのターボチャージャーとインタークーラーを備えたツインターボ・システムを搭載する。排気量は2855ccと、308の8気筒エンジンの2962ccに劣るものの（ボアを1mm縮小）、これはレギュレーションに沿ってカテゴリーに収まるようにしたためである（過給器係数1.4を掛けたうえで4ℓ内に収めなければならず、GTOの場合はこれで計算すると排気量は3997ccとな

すべてホームメイド
軽合金製の8気筒はDOHC32バルブを備える。2基のターボは左右のバンクをそれぞれ1基ずつで過給する。ギアボックスはフルシンクロ5段。これはレース仕様で、フェラーリの自社製。

る)。出力は1ℓあたり100psを超える400psで、驚愕の大パワーだ。エンジン・マネジメント・システムはウェバーとマレッリが共同開発したもので、フェラーリのF1マシーン126Cに採用されたものと同様のシステムである。ギアボックスはマグネシウムとアルミ製の5段マニュアルで、フェラーリが開発、製作した。また、LSDも備わる。性能は抜群で、最高速度はなんと305km/hに達する。0－100km/h加速の測定では4.9秒という数字を叩きだした。

288GTOの室内は、豪華が売りではないにしろ、スパルタンすぎるということもない。フィアットのパーツが使用されているところもあれば、コノリー・レザーが使われていたりもする。車重を増やさないために標準装備品はごくわずかで、エアコン、パワーウィンドー、オーディオですらオプションになっている。レース参戦が見送られたために、実際のところ、ほとんどの288GTOがフルオプションを装備することにはなったのだが──。

最初はホモロゲーション獲得最低台数の200台の生産が予定されていたが、人気が高く、実際には272台を造り、売り尽くした。値段は1億9400万リラだった。なかには3億～3億5000万リラの値段で取り引きされた288も登場し、投資目的で購入するユーザーが現われた。この傾向はF40に引き継がれることになる。

そして288GTOは、「1980年代でもっとも重要なクルマ」5台のうちの1台に選ばれたのである。

所有できる喜び

1980年代に登場した他のフェラーリとは違い、288GTOのメカニカル・コンポーネンツの配置はレーシングマシーンそのものだ。エンジンは縦置きで、ギアボックスとともにミッドマウントされている。4本のエグゾーストパイプは、2本ずつが対になっている。シンプルだがエレガントな室内は（下）、まさにフェラーリのレーシングカーの典型的なスタイルだ。ダッシュボードはスパルタンだが機能的で、ケブラーフレームのシートに見られるように、洗練された機能美といえる。288GTOはスターターボタンとイグニッションスイッチが並んで備えられた初のフェラーリだった。各国のVIP、ニキ・ラウダやローリング・ストーンズのリーダー、ミック・ジャガーなど、限られたごく少数のクライアントだけが購入できた。

Passione Auto • Quattroruote 97

テスタロッサ 1984〜1992

1984年と同じような年が二度と再び繰り返されることはないだろう。自動車界にとって、そしてなによりフェラーリにとって——。

この年の3月、288GTOがデビューした。そして10月のパリ・サロンではテスタロッサが世に送りだされたのだ。画期的な大イベントだった。テスタロッサというレースで栄光をおさめた名前が復活したばかりでなく、その系譜は10年にわたって受け継がれていくことになるのだから——。

並んだ数字を見ただけで困惑してしまう。12気筒、5ℓ、390ps、290km/h——パワーとスピード、そしてデザインのカクテルだった。テスタロッサ（赤いヘッドの意）という名前は、3ℓ V12エンジン搭載のコンペティツィオーネのカムカバーが赤に塗装されていたことから生まれ

風がデザインした

強い個性、アグレッシヴ、かなり派手（1986年のテスト記事で『クアトロルオーテ』にはこう記された）。テスタロッサのスタイリングは文字どおり"風のトンネル"、風洞実験室で創作された（Cd値は0.36）。時代のトレンドとマラネロのスポーティなキャラクターをデザイン上でうまくまとめた力強い作品。

リアがよりワイド

フェラーリ初の、横に並ぶ角型テールライトが、フロントより幅広いリアセクションに収まる。グリルはエンジンから生まれた熱風を吸いだす役割を果たす。

テクニカルデータ
テスタロッサ
（1984）

【エンジン】＊形式：水平対向12気筒／縦置き ＊総排気量：4942cc ＊ボア×ストローク：82.0×78.0mm ＊最高出力：390ps/6300rpm ＊最大トルク：490Nm/4500rpm ＊圧縮比：9.3：1 ＊タイミングシステム：DOHC／4バルブ／ベルト駆動 ＊燃料供給：機械式インジェクション ボッシュKジェトロニック

【駆動系統】＊駆動方式：RWD ＊変速機：5段 ＊クラッチ：乾式複板／LSD ＊タイア：(前)225/50R16 (後)255/70R16

【シャシー／ボディ】＊形式：鋼管スペースフレーム＋アルミボディ／2ドア・クーペ ＊乗車定員：2名 ＊サスペンション：(前)独立 ダブルウィッシュボーン／コイル，テレスコピック・ダンパー，スタビライザー (後)独立 ダブルウィッシュボーン／コイル，テレスコピック・ダンパー，スタビライザー ＊ブレーキ：ベンチレーテッド・ディスク ＊ステアリング：ラックピニオン

【寸法／重量】＊ホイールベース：2550mm ＊トレッド：(前)1520mm (後)1677mm ＊全長×全幅×全高：4485×1976×1130mm ＊車重：1630kg

【性能】＊最高速度：285km/h ＊0－100km/h加速：5.8秒

たものだ。1950年代から60年代のはじめにかけて、耐久レースや24時間ルマンでひときわすばらしく光輝いたフェラーリ——1958年の4気筒500TR（Testa Rossa）と1958年の12気筒250TRに倣い、1980年代版は"Testarossa"と続けて表記されるようになったものの、シリンダーヘッドのカムカバーはかつてと同様、今回も赤く塗られていた。

一体構造
12気筒ボクサーユニットは軽合金製のモノブロック構造で（透視図を見ればわかるように、正確には180度V型である）、エンジン下部にギアボックスケースやオイルパンも内包していた。

洗練の極み
ミッドシップ・エンジン、全輪独立サスペンション。他のハイクラス・グランツーリスモとは一線を画す。テスタロッサは何から何まで金銭的なリミットなしに造られているのだ。

テスタロッサは512BBiの後継車で、512と同じく水平対向12気筒エンジンを搭載する。排気量も同じ4942ccだが、1気筒あたり4バルブ化され、冷却用エアフローが見直されたりと、徹底的に改善された。熱対策のためにラジエターがリアのエンジンコンパートメントに移動され、クラッチは乾式ツイン・プレートとなる。燃料噴射装置は引き続きボッシュKジェトロニックが採用された。BBに比べると、テスタロッサはトレッドが広くなり、重量配分が改善されている。サスペンションはダブルウィッシュボーン／コイルだが、リアダンパーは左右に2本ずつの計4本が備わる。ギアボックスはマニュアルの5段で、シフトレバーは従来どおりセンターコンソールに配置されている。

　ピニンファリーナは"挑発的"と称されたデザインを生みだした（組み立てと内装もピニンファリーナが請け負った）。ウェッジシェイプのスタイルは、フロントが非常に低く、フロントのホイールアーチからリアのラジエターまでを結ぶサイドルーバーが特徴だ。上から見ると、フロントトレッドがリアのそれよりずっと幅広いことがわかる。これらがボディデザイン上のポイントといえる。フェイスにエレガントさを与えているリトラクタブル・ヘッドライトの下には、ウィンカーおよびポジションライトが並ぶ。フロントグリルから流入するエアはフロントブレーキを冷却する。エンジンフードにはエンジン冷却用に細長いグリルが設けられてお

ドライビング・スタイル
コクピットはすべて新しくなっているが、BBの面影を残している。ドライビング・ポジションは独特で、シングルシーターのよう。シフトレバーの配置は良く、計器類も読みやすい。シートもスポーツ・ドライビングにふさわしく、かつ快適である。

り、リアのテールライトが初めて横長の角型になり、グリルの中に収められた。ホイールは5本スポークで、押し出しの強さを効果的に演出している。

　レザーを多用した室内は、実にラクシュリーに仕上がっている。BBに比べ静粛性が向上し、フロントのラゲッジスペースが広くなった。シートは2座だが、その後ろにバッグを置くスペースが用意され、ここにはテスタロッサ専用に作られた、モデナのマウロ・スケドーニ（Mauro Schedoni）のハンドメイドのレザーバッグが収まる。その他、エアコンとオーディオが車輌価格（1億7000万リラ）に含まれた。また、512BBとは異なり、フェラーリは380psの輸出仕様を用意する。このモデルはおもにアメリカ市場への輸出が目的だった。

　テスタロッサの全幅は1.97mもある。このボ

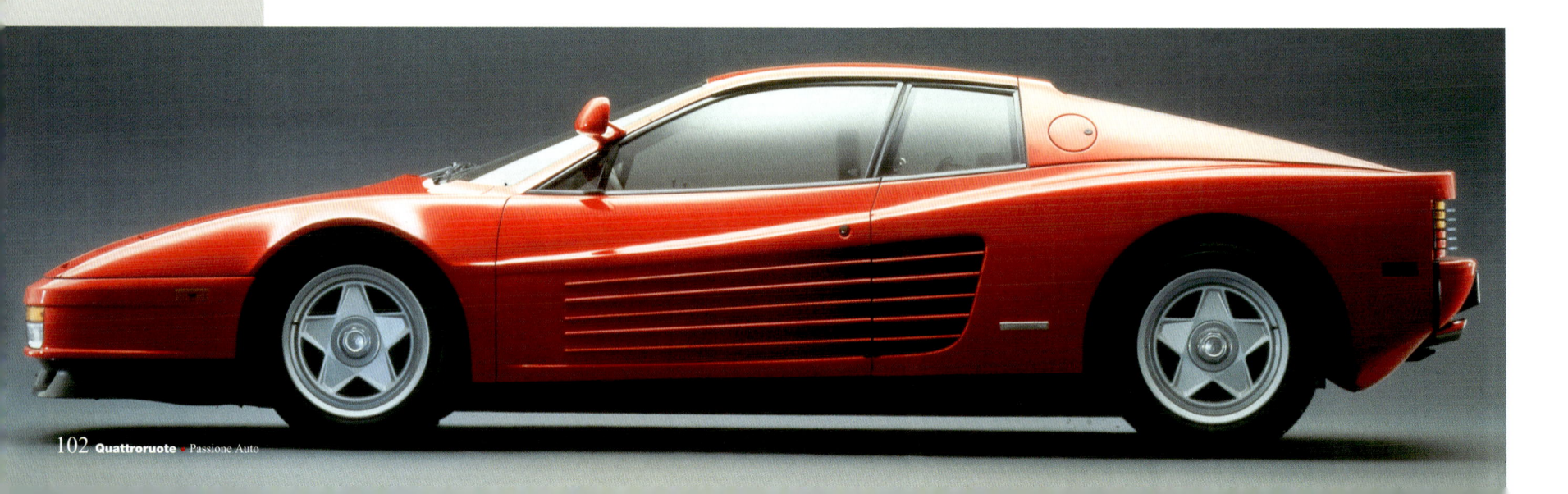

**アウトストラーダの
シングルシーター**
テスタロッサの挑発的なスタイリングは独特なメカニカル・レイアウトによるもの（すべてセンターに集まっている）。ラジエターはF1マシーンよろしくリアに配置。デザイン上のポイントになっているボディサイドのインテークルーバー（右）。下はサイドビュー。マラネロのフラッグシップたるこのモデルの、くさび型のウェッジシェイプがよくわかる。

ディサイズのために、狭い道や曲がりくねった道、そして街中にふさわしいクルマとは決していいがたかったが、ストレートでもコーナーでも、テスタロッサの挙動は、あらゆる時代を通じて、もっとも優れたグラントゥリズモだと断言することのできるものだった。1986年、右側のサイドミラーが標準装備品となったのを機会に（デビュー当時はオプションだった）、リアビューを確保するためAピラーの真ん中あたりに固定されていたサイドミラーの位置が下げられている。パワーは低下したが、欧州市場にもキャタライザー付きモデルが用意された。

1988年、ホイールが変更されたモデルも登場したが、4年後の1992年、テスタロッサは512TRに道を譲ることになる。1984年から1992年まで、テスタロッサ（1984～92年）、512TR（1992～94年）、最後のエヴォリューション・モデルとなったF512M（1994～96年）と、12年間にわたり、合計でおよそ1万台が生産された。

テスタロッサはまた、さまざまなカロッツェリアにヒントを与えたモデルでもあった。1985年にザガートのエルコーレ・スパーダはES1を製作、リアのラジエターとフロントデザインがF1マシーンを思わせた。また1986年には、ピニンファリーナがフィアット会長のジョヴァンニ・アニエッリのために製作したシルバーのスパイダーを発表している。

現代語訳
上は1986年、ピニンファリーナがジョバンニ・アニエッリのために製作したテスタロッサ・スパイダー。左は祖先ともいえるグラントゥリズモ・フェラーリ、1958年の250TR（テスタ・ロッサ）のレースのひとこま。

Passione Auto • Quattroruote 103

テスタロッサ インプレッション

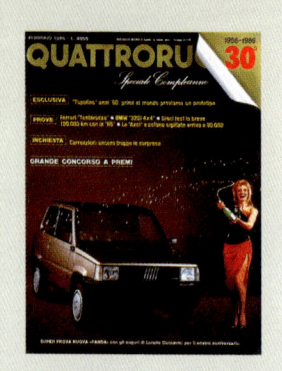

クイーン

1956年2月からスタートした『クアトロルオーテ』が、1986年2月号で30周年を祝って豪華な賞品付きのクイズを掲載。賞品はフォード・スコルピオ、フィアット・パンダだった。表紙を飾ったのは女優のロレッラ・クッカリーニ。ニュー・パンダと"イタリア人からもっとも愛されたマドンナ"が表紙に並んだのだった。パンダは750と1000スーパーのテストも行なわれた。

クアトロルオーテがテスタロッサをテストしたのは、このクルマの販売開始からおよそ1年後の1986年2月のことだった。インプレッション・テストはサーキットで行なわれたのだが、このとき、一緒にテストしたのはテスタロッサの先祖ともいえる栄光のフェラーリ、250TRだった。この時点でテスタロッサはすでに1000台以上が世に送りだされていた。512BBの後継車として成功を収めたこのフェラーリは、クアトロルオーテのテストでもすばらしい成績を残すことになった。

テストしたクアトロルオーテのスタッフを驚かせたのは、計測された最高速度と、そしてなにより、高度に洗練された12気筒水平対向エンジンで、390psという大パワーではなく、このエンジンが非常にフレキシビリティに富んだものである点だった。「こんなに扱いやすいとは思ってもみなかった。街中で使えるなんて冗談かと思ったほどだ」クアトロルオーテのテスト・センターの、率直かつ驚きの感想だ。これは巧妙なトルクのチューニング(490Nm／4500rpm)によるものだが、エンジンの力強いサウンドも気持ちを盛りあげた。

加速性能も非常にすばらしい。「0−400m、0−1kmは歴代のロードゴーイングカー中、最高の記録。まさにレーシングカーのレベルだ」

制動力についても最高の票が入った。「テスタロッサは踏力に応じてプログレッシヴに対応する。スポーツカーの世界でも他に類をみない」ブレーキそのものについてはレーシングマシーンと同じように踏力を要求するタイプで、ABSは装着されていない。ウェットな路面では少々唐突な動きを見せることもあるが、しかし、いずれにしても制動距離は短く、フェード性能についてもいい結果を残した。

「レーシングカーのような」ギアボックスは、「正確で繊細な動きを要求されるタイプのギアボックスで、正しくシフトをする必要がある」。クラッチはほんの少しスポーティ・ドライビングが苦手らしい。奇妙な話だが、この手のスポーツカーにしては燃費は悪くなかった。これはタウンスピードでもハイスピードでもいえることだ。燃料タンクの容量は必要にして充分な120ℓを確保している。

乗り心地は、クルマの性格を考えると長所に挙げることはできないが、それでもふたつのシートには充分なスペースがある。ちょっと沈みがちなシートだが……。車高が低いぶん、テスタロッサの乗降は厄介だ。フロントにもシートの後ろにも荷物が収納できるようになっているのは悪くない。唯一の欠点は視界ということになるだろうか。「大きなフロントフードにもかかわらず、フロントの視界は良い。サイドはまあまあで、許容範囲内といえるだろう。問題はリアだ。リアの視界は問題だ」ということで星はひとつだった。

PERFORMANCES

最高速度	km/h	0–220	25.0	70–180	24.7
	291.0	0–230	28.5	70–190	26.9
発進加速		停止—400m	13.6	**制動力**	
速度 (km/h)	時間 (秒)	停止—1km	24.5	初速 (km/h)	制動距離 (m)
0–80	4.1	**追越加速** (5速使用時)		80	31
0–100	5.7	速度 (km/h)	間 (秒)	100	48
0–120	7.4	70–80	2.4	140	94
0–140	9.7	70–100	6.6	160	123
0–160	12.2	70–120	10.9	180	156
0–180	15.7	70–140	15.4	200	192
0–200	19.7	70–160	20.0	220	232

記録的モデル

テスタロッサの動力性能は、ロードゴーイングカーにおいては最高のものだった。この時代、テスタロッサのレベルに立ち向かえるクルマはなかった。

328 GTB／GTS～GTB／GTS ターボ 1985～1989

　308／208シリーズがハイパフォーマンス・バージョンとして成長を遂げた——。1980年代半ば、308／208シリーズはこれまでで最大の改良を受け、さらに5年、その寿命を延ばすことになる。後継者は328GTBとGTS（ベルリネッタとスパイダー）と命名され、1985年のフランクフルト・ショーでデビューした。デリバリーが開始されたのは翌年からで、クアトロヴァルヴォーレに、実にさまざまなモディファイが施されたモデルだった。

　8気筒エンジンは3184ccにスケールアップし、出力も270psへと12％向上した。4バルブのDOHC、機械式インジェクション、油圧作動となった乾式クラッチを装備する。オイルクーラ

エアロダイナミクス

15年間生産されたモデルだったが、その心臓部は時代により異なっていた。328シリーズを活かすのは3.2ℓの8気筒エンジン、出力は270ps。いっぽう、GTB／GTSターボのエンジンは2ℓ、254ps。328GTBは308に比べて、フロント部分がより空力に優れたスタイルを持つ。ウィンカーやドライビングランプがすっきり収められたのが特徴。右の写真はGTBターボ。

ーも新しくなった。最高速度は夢の領域250km/hを超える260km/hに達した。ハンドリングも最高のレベルといえる。車重はGTBが1263kg、GTSは1273kgである。

基本となるスタイリングは不変で、いつ見てもすばらしいラインを維持している。曲線に包まれたフォルムはピニンファリーナの手になるが、かなり以前にデザインされ、アップデートが繰り返されたものだ。今回新しくなったのはフロントのコンビネーションライトで、テスタロッサからヒントを得たものになった。フロントフードのルーバー状のエアアウトレットが大きくなり、バンパーはボディと同色に塗装された。スチール製ボディの製作はスカリエッティが行なった。室内は見直しが図られ、シートはフィニッシュレベルが上がったほか、メーター類の配置も機能的に変更されている。

328は信頼性の高いクルマとして認められるようになり、そして1989年、348に引き継がれることになる。348への変身は、技術的な面からみると大改革だが、全体的にみると魅力は減ったといえるだろう。328シリーズの合計生産台数は7400台に上ったが、内訳をみると販売台数ではGTSがGTBを上回った。

2ℓV8ファミリーも進歩して、さらに魅力あるものへとなっていく。1985年まで生産された208GTB／GTSターボも新しくなり、車名もシンプルにGTB／GTSターボへと変更になった。1986年に発表された2台のエンジンパワーはいずれも254psで、ターボで圧縮された空気を冷却するためにインタークーラーを装着、エグゾースト・マニフォールドが一新された。この改良により1ℓあたりの出力は127psとなり、最高速度は250km/hに到達した。このほかにも、328と同様にフェイスが新しくなり、フロント・コンビネーションライトが変更、室内のフィニッシュレベルが向上した。材質が良くなっただけでなく、レザー・シートが標準装備になったのである（エアコンはオプション）。

左サイドに残されたNACAタイプの特徴的なダクトが外見上で唯一の、328との相違点だ。GTB／GTSターボは1989年まで生産された。

お見事！
328（左はGTS、タルガ・バージョン、脱着式のルーフを持つ）は308シリーズを技術面、デザイン面で頂点にまで昇華させたモデル。上の写真は106ページ左上の写真同様、カタログに掲載されたもの。

328 GTB／GTS ターボ インプレッション

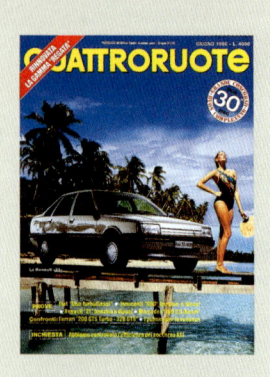

当時のイタリアでは、排気量2ℓ以上のクルマに課せられる付加価値税は38％だった。21世紀のドライバーにとっては信じがたいことだろうが、こんな法律が存在していたのだ。

1986年6月、こんな血税を払う価値があるかどうかを確かめるべく、クアトロルオーテは1991ccのGTSターボと328GTSの比較テストを実施した。結果やいかに――。フェラーリのF1パイロットを務めたミケーレ・アルボレート（2001年、ラウジツリンクの事故にて命を落とす）が強調するように、税金の存在意義をひっくりかえすものだった。

「ドライバビリティに関して、この2台に差はないね。テスト方法もドライバーも同じ条件の下で行なわれたわけだけど、クルマの挙動に違いはなかった。2台ともイージー・ドライビング・フェラーリ、こう定義できると思う。スポーティドライビングが楽しめるモデルだ。違い、という意味でいうならば、パフォーマンスは似ているけれども、エンジンは別物だ。3.2ℓ4バルブはフレキシビリティが高いから、ちょっとした散歩にも向いているし、7000rpm以上引っ張ることもできるから、ドライバーに満足感も与えてくれる。GTSの2ℓターボの方はパワーの爆発が僕には魅力的だった。もし僕がターボのオーナーだったら、もうちょっとブースト圧が高いほうがいいかな」

テスターを務めたミケーレは、ほかのテスト結果についてもコメントを続けた。たとえばブレーキについてである。力強く踏みこむようなシーンでも、ゆっくりブレーキングするときも、どちらの場面でも優れた性能を発揮したとの評価だった。硬い設定のサスペンションは、ハイスピード時の安全性には貢献するが、乗り心地の面ではつらいものがある。伝統的なフェラーリのゲートが設けられたギアボックスについては、正確ですばやいシフトの動きが要求される。ステアリングについては、パワーステアリングがないため、低速や停車状態では少々ヘビーだ。しかし、ハイスピード時のレスポンスはクイックで、繊細なステアリングといえるだろう。スタビリティについてはどちらのモデルも最高、グッドの評である。さて燃費については、2台を同一条件でテストすることができなかったために比較は見送りとなったが、限界までエンジンを回すと、おそらく「クアトロヴァルヴォーレのほうが燃費がいいということになるだろう」とのことだった。

バースデー・パーティ

クアトロルオーテにとって1986年は重要な年だった。創刊30年を祝って豪華な賞品付きのクイズを実施した。それは、この年の2月号から7月号までと10月号に掲載された。フェラーリのテストが掲載されたのは6月号。この号ではほかにもフィアット・レガータのフェイスリフトに関する記事や、ランチア・デルタHFターボ、ボルボ480ESのインプレッションが読める。

PERFORMANCES

	328GTS	GTSターボ		328GTS	GTSターボ		328GTS	GTSターボ
最高速度		km/h	**追越加速**(5速使用時)			140	93.3	80.9
	256.000	251.656	速度(km/h)		間(秒)	160	121.9	105.7
発進加速			70−80	2.0	3.5	180	154.3	133.8
速度(km/h)		時間(秒)	70−100	6.3	8.7	**燃費**(5速コンスタント)		
0−40	1.0	1.8	70−120	10.8	12.3	速度(km/h)		km/ℓ
0−60	3.1	2.9	70−140	15.4	15.9	60	14.3	13.1
0−80	4.8	4.7	70−160	20.1	19.9	80	13.9	12.2
0−100	6.5	6.6	70−180	25.2	24.7	90	13.5	11.6
0−120	8.7	8.7	**制動力**			100	13.0	11.0
0−140	11.7	11.9	初速(km/h)		制動距離(m)	110	12.5	10.3
0−160	15.1	15.2	60	17.1	14.9	120	11.6	9.5
0−180	18.4	19.3	80	30.5	26.4	130	10.6	8.9
停止−400m	14.5	14.5	100	47.7	41.3	140	9.6	8.2
停止−1km	26.2	26.4	120	68.6	59.5	160	——	7.0

後継にふさわしい

328のクーペとタルガ・バージョンは、同じくオープンとクローズドの2タイプあった308系の後継モデルとして誕生した。エンジンはV8、排気量は3185cc。最初にテストが行なわれたのは1985年のことだった。翌年、姉妹車のGTSターボとともに、再び比較テストが行なわれた。

412 1985〜1989

フェラーリらしからぬフェラーリ

全長4.8m、車重は1800kg以上、パワーステアリング、加えてオートマティック・トランスミッションも標準装備。それでも1985年に登場した412は400を若返らせたモデルだった。オールドスタイルのスポーツカー、フロントエンジンの後輪駆動、スタイリングはクラシックでエレガント。内装はイタリアのグラントゥリズモの典型で、整然としたダッシュボードを持ち、コノリーのレザーがふんだんに使われている。

1980年代のはじめには、マラネロが誇るプレスティッジ高き4シーター、400はその影が薄くなっていた。設計年次の問題や（デビューは1976年）、アメリカをターゲットにしていたことで、排ガス規制への対応からインジェクション搭載を余儀なくされ、それがパワーダウンを招いたことも理由のひとつだった。それならばということで、モデルチェンジが行なわれた。新型は1985年のジュネーヴ・ショーで発表され、412と命名された。この名前は1気筒の排気量から付けられたものだ。4943ccになった排気量こそ、変身における最重要課題だった（400の排気量は

4823ccだった）。これにより、412は340psという性能を得る。ようやく400初期型のキャブレター仕様の出力に戻ったというわけだ（1979年にインジェクションとなり、出力は310psに低下）。トルクもわずかながら太くなっている。最高速度は255km/hと向上してはいるが、注目すべき点は別にある。まずはABSの装着が大きなニュースで、フェラーリにとっては初のABS搭載モデルとなった。もちろん、オートマティックは継続して採用されている。実際のところ、400にオートマティックが採用されたことは一部のユーザーをおおいに喜ばせたのだ。412にはオートマティックが標準装備で、代わりに5段マニュアルはオプションとなった。

スタイリングは400を基本的に踏襲している。スクエアで、多少没個性という感じがしないでもないが、それは月日の流れのせいだろう。その他、変更されたのはまずバンパーで、ボディ同色となった。内装に関しては一から見直しが図られている。見直しの目的は乗り心地向上とモダナイズで、この2点に沿って行なわれたが、ヘッドレスト、センターコンソールに新デザインが採用され、シートの調整は電動式になった。

1980年代後半、412はフェラーリでは唯一のフロントエンジン・モデルだ。30年にわたるカヴァリーノ製4シーター・クーペの歴史を代表するモデルである。生産は1989年まで継続された。412の生産終了で、フェラーリは全モデルがミドシップとなった。4シーターについては、8気筒のモンディアルだけが残ったが、モンディアルを412のごとく完璧な4シーター・フェラーリと呼べるかどうかは疑問である。412の財産は立派な4シーターであることだったからだ。この後、4シーター、フロントエンジンのフェラーリが戻ってくるのは1992年のことである。そのモデルは456GTと呼ばれた。

同色バンパー

モディファイの中心はメカニカルパーツだった。412のスタイリングは400GTのそれとほとんど同じ。唯一、目につくのはボディと同色に塗られたバンパーで、クルマにモダーンな印象を与えている。

412オートマティック インプレッション

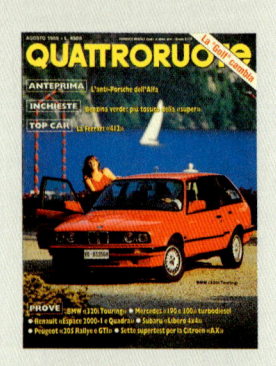

この年の論争 『クアトロルオーテ』1988年8月号では、街の中心の歴史地区からクルマを閉めだす政策についてのリポートを掲載した。無鉛ガソリンの健康への影響について論じられているが、結論が出るまでにはもう少し時間が必要だった。テストはBMW320iツーリング、メルセデス・ベンツ300TDと190D2.5ターボ、ルノー・エスパス、スバル・リベロ（日本名ドミンゴ）、プジョー205、そしてフェラーリ412。言う必要があるだろうか、トップカー・テスト（クアトロルオーテのプレミアムカーテスト）にどのクルマが用いられたかなんて……。

オートマティックを搭載したフェラーリは異端——こんな印象がある。はたまた威厳を損ねた、そんな印象だろうか。ところが412は、その車齢（ピニンファリーナが手がけたクーペとはいえ、12年というのは非常に長い歳月だ）、車重（テスト時の車重は2トンを超えるものだった）、フロントエンジン・リアドライブというクラシカルなレイアウト、そしてもちろんオートマティック・トランスミッション——という先入観をものともせず、そのテスト結果はライバルの平均をはるかに上回るものだった。

つまり、クアトロルオーテのテストで、412はポジティヴな評価を受けたということである。確かに、キャビンスペースは充分とはいいがたい。特にリアはショート・ドライブならオーケー、それくらいの感じだ。しかし、ダッシュボードに並ぶ計器類は整然としており、とても見やすいし、ステアリングホイールとドライバーの位置関係もいい。シートは電動式だから、自分に合ったポジションを正確に選ぶことができる。もちろん、お望みとあらば、この時代の典型的なドライビング・スタイルであった、ストレートアームのポジションに設定することも可能だ。

「ピニンファリーナの職人の腕が光る仕上げは、イギリスの伝統的なやり方や、ドイツが行なうパーソナリゼーションにも決してひけをとらないすばらしいものだ」他にクアトロルオーテの記者はエアコンの効きを絶賛した。

路上では「12気筒フェラーリはこのカテゴリーのトップであることを確認した。なによりエレクトロニクスの性能が向上して、時代にマッチしたクルマになっている。しかし、オートマティックの採用によってプレスティッジ性を多少損なったことは否めず、特にスロットル・オフ時の挙動と中間加速が問題だ。とはいえ、3000rpmを超えると俄然魅力を増し、また低回転域の1000rpmくらいでもバランスがよく、この回転域を保って走ることも問題ではない」。

最高速度には楽に到達することができるが、加速においてはあまり感動を与えない。車重が災いしているのだろう。オートマティックの挙動は、加速時においてはスムーズで唐突なところがなく、すんなりとシフトアップする。ブレーキのキャパシティはもう少し大きいほうがいい。ABSが装備されていても、サスペンション構造が古いことが原因か、時代を感じる。たいした問題ではないが、ハンドリングはクイックなレスポンスに欠け、「まさに典型的なオールドスタイル」である。

PERFORMANCES

最高速度	km/h	0—160	18.1	70—140	10.0
	253.425	0—200	30.5	制動力（**ABS**）	
発進加速		停止—400m	15.9	初速（km/h）	制動距離（m）
速度（km/h）	時間（秒）	停止—1km	28.3	60	17.2
0—60	4.5	**追越加速**（Dレンジ使用時）		80	30.5
0—80	6.3	速度（km/h）	間（秒）	100	47.7
0—100	8.2	70—80	1.4	120	68.7
0—120	11.0	70—100	4.2	140	93.5
0—140	14.1	70—120	7.0	180	154.5

つねにトップ
その車齢、車重、イギリスやドイツから多くのライバルが出現したにもかかわらず、12気筒フェラーリはこのテストでカテゴリー・トップの座にあることを再確認した。

F40 1987〜1992

別れ

F40はコメンダトーレが熱望した最後のフェラーリだった。1988年8月14日、そのエンツォ・フェラーリは亡くなったが、彼の逝去がニュースとして流れたのは翌日のことだった。その年の9月11日、モンツァで開催されたイタリアGPでは、フェラーリが久しぶりに優勝を果たした。1969年にエンツォは、スクーデリアを継続させることを条件に、フェラーリ社の株40％をフィアットに譲渡している。彼の死により、息子のピエロが10％を相続し、残りの50％はフィアットに渡った。

誕生祝いがいつもこんなものなら、何度でも40周年を迎えたいものだと、しみじみ思う。フェラーリがこれまで世に送りだしたモデルのなかでも、もっとも重要な一台、いつの時代でも美しい一台は、カーザ・ディ・マラネロ（マラネロの家）の40周年（1947〜1987）を祝って誕生した。1988年8月14日に亡くなった"フェラーリの父"、エンツォへの贈り物であったともいわれた。

フェラーリのF、40周年の40、ふたつを合わせてF40とネーミングされたが、名づけ親はRAI（ライ／Radio Televisione Italiana：イタリア国営放送）のジャーナリスト、ジーノ・ランカーティ（Gino Rancati）だった（当初は3000LMと呼ばれていた）。デビューするや、F40はたちまち神話となった。アパッショナート（エンスージアスト）の夢、いやそれ以上に、投資家たちの標的となった。信じがたい、おそろしい値段がついたのである。F40は自動車芸術のシンボルとして誕生した。同時にハイテクノロジーの結晶であり、そして過去から連綿と続くフェラーリのDNAをしっかりと受け継いだクルマだった。

1950年代のフェラーリがそうであったように、レーシングマシーンとロードゴーイングカーの間で巧みにバランスをとったベルリネッタ、それがF40である。モンツァ・サーキットでレースを楽しみ、夜は再びこのクルマでレストランに出かける、ジェントルマン・ドライバ

ダブル・パーソナリティ

パワー、スピード、加速。サーキットではワル。路上では穏やか。F40の特徴であるリアに備わる大きなウィングはサイドに繋がり、リアエンドには大きなグリルが構える。ノーズ（114ページ）は低く、路面ぎりぎりで、フロントフードにはふたつのNACAタイプのダクトを装着。エアロダイナミクスを考慮してライトはカバーされている。

**コンペティション
マシーン**

右はF40のコクピット。コンペティションマシーンのそれと非常に似かよっている。無駄なものは一切見当たらず、まさに必要最低限のものばかり。シートは体をしっかりとホールドし、快適感すら与える。ステアリングホイールの径は小さく、ポジションはほとんど垂直に近い。
下はF40のサイド・プロファイル。

ーのためのフェラーリなのである。
　F40プロジェクトの出発点は、1986年に最先端の技術を研究するために生まれた四輪実験台ともいえる、288GTOエヴォルツィオーネからだった。GTOエヴォルツィオーネのキャビンは剥き出しのままで、カーボンファイバーがまず目につくスパルタンなものだった。シートにはレース仕様のごとく6点式フルハーネスが装着されている。小径ステアリングホイールにはレザーが巻かれており、ドアにはロックがなく、メタルワイアのドアオープナーが装着されていた。最高出力はGTOのオリジナル・バージョンが400psだったのに対してエヴォルツオーネは650ps、最大トルクは672Nm／4500rpm、最高速度は370km/hを記録した。

エヴォルツィオーネのスタイリングは空力的で、低いノーズに大きなブリスターフェンダー、リアには大きなウィングが装着されていた。すべてはトリノ郊外のオルバッサーノ（Orbassano）にある、フィアットの風洞実験室から生みだされたものだった。0.29という、これほどに低いCd値はフェラーリでも初めてのものだった。

この試作車を受け継いだのがF40である。エンジンは排気量2936ccのV型8気筒ターボで、2基のインタークーラーに、左右バンクに各1基ずつツインターボが搭載される。イグニッションと燃料噴射は高度なコンピューター制御システムが担当し、各バンク2本のカムシャフト、各シリンダーの4バルブと2本のインジェクターが適切な燃料を的確にコントロールする。その結果、最高出力478ps／7000rpmを発揮、1ℓあたりの出力は160psということになる。まさにレーシングマシーン並みのパワーだが、F40は最新のエレクトロニクス・システムを採用したことで、加速に注意を払いさえすれば、一般道でも安心してドライブできるフェラーリになった。

ボディやフレームには最先端の素材が使用された。シャシーはチューブラーフレームで、部分的にコンポジット・パネルで補強している。ボディパネルは、カーボンファイバーを主体にケブラーやノーメックスを使用することにより、軽量（1100kg）なうえに高い強度を誇った。

F40のエアロダイナミクスや画期的なスタイ

走る研究所

F40は600psという大パワーの結晶。かの288GTOエヴォルツィオーネ（上）の娘といえるフェラーリだ。左はタイアスモークをあげながらテールを振るF40。タイアについてはテストに長い時間が費やされた。最高速度324km/hに耐えうるタイアが必要とされたためだ。最終的にピレリがP-Zeroを開発した。

テクニカルデータ
F40（1987）

【エンジン】＊形式：90度V型8気筒／縦置き ＊総排気量：2936cc ＊ボア×ストローク：82.0×69.5mm ＊最高出力：478ps／7000rpm ＊最大トルク：577Nm／4000rpm ＊圧縮比：7.7：1 ＊タイミングシステム：DOHC／4バルブ／ベルト駆動 ＊燃料供給：電子制御インジェクション ウェバー-マレリIAW04F／ツインターボ＋インタークーラー

【駆動系統】＊駆動方式：RWD ＊変速機：5段 ＊クラッチ：乾式複板／LSD ＊タイア：（前）245/40R17（後）335/35R17

【シャシー／ボディ】＊形式：鋼管スペースフレーム＆コンポジット・マテリアル＋コンポジット・マテリアル・ボディ／2ドア・クーペ ＊乗車定員：2名 ＊サスペンション：（前）独立 ダブルウィッシュボーン／コイル，テレスコピック・ダンパー，スタビライザー（後）独立 ダブルウィッシュボーン／コイル，テレスコピック・ダンパー，スタビライザー ＊ブレーキ：ベンチレーテッド・ディスク ＊ステアリング：ラックピニオン

【寸法／重量】＊ホイールベース：2450mm ＊トレッド：（前）1594mm（後）1606mm ＊全長×全幅×全高：4358×1970×1124mm ＊車重：1235kg

【性能】＊最高速度：324km/h ＊0-100km/h加速：4.5秒

リングは、レオナルド・フィオラヴァンティ（Leonardo Fioravanti）が手がけた。低いフロントノーズは、まるでアスファルトを押しつぶしてしまいそうだが、そのアスファルトに立ち向かうマスクの下部分には細いリップスポイラーが見える。フロントカウル上面には一対のNACAダクトが用意された。空気抵抗を考慮した結果、ヘッドライトはリトラクタブル式で、その下にプラスチックカバーで覆われたサイドライト、ウィンカーライト、パッシングライトが収まっている。サイドには大きなダクトが見られるが、これはリアブレーキ、リアタイア、そしてエンジンを冷却するためのものだ。

F40のテールは実に筋肉質だ。堂々としたそり立つようなウィングが印象的だが、これはリアカウルと一体になっており、デザイン的要素も強い。サスペンションは（ダブルウィッシュボーンによる全輪独立懸架）車高自動調節装置によって、サーキットでも公道でも、その状況にあわせて高さを3段階から選ぶことができる。

軽量、ハイコスト
重量わずか46kgのボディ外板が8時間で組み立てられる。素材のコストは1kgあたり20万リラ。エンジンカウルはアクセスを考慮し、全体が開く。ギアボックスはエンジンの後方に配置されている。

エアコンこそ標準装備だが、F40はまさにロードゴーイングカーとしての性能聖域に達したともいえるモデルで、まるでプロトタイプ・スポーツをドライブするかのようだった。

当初のプログラムでは、F40は400台生産される予定だった。フェラーリのトップ・クライアントに向けたものだったが、ふたを開けてみると、事は思惑どおりには運ばなかった。殺到した注文はブラック・マーケットまでをも動かし、定価の4億リラは10億リラ以上に跳ね上がった。このため、フェラーリは生産台数を950台に増やしたが、最終的には1992年の生産終了までに1315台が世に送りだされることになった。

F40に続いて、コンペティツィオーネが生まれる。その名はF40LMで、シャルル・ポッツィ（Charles Pozzi）の後継者としてフェラーリ・フランス社長の座についたダニエル・マラン（Daniel Marin）のリクエストにより、パドヴァのジュリアーノ・ミケロットが手がけたものだった。このフェラーリで彼は耐久レース、特に1989年のルマン参戦を狙ったのだ（これによりLMと命名）。ミケロットの工場は288GTOエヴォルツィオーネを製作した経験をベースに、完全にコルサ仕様に改造された18台のF40を作りあげた。この年のルマン参戦は果たせなかったが、アメリカに渡り、1990年のIMSAを走った。残念ながら目覚しい活躍を残すというわけにはいかなかった。

ウルトラ
GTOに搭載されたユニットを改良したV8だが、より軽量になり、パワフルだが穏やかになった。それぞれのシリンダーにスロットル・バタフライ、ふたつのインジェクター、4つのバルブが備わる。両バンクから伸びた2組のエグゾースト・マニフォールドのそれぞれが90度曲げられ、IHI（石川島播磨重工業）製ターボへと繋がる。排気ガス圧はウェイストゲートによって、点火時期、燃料噴射とともに電子制御される。

F40 インプレッション

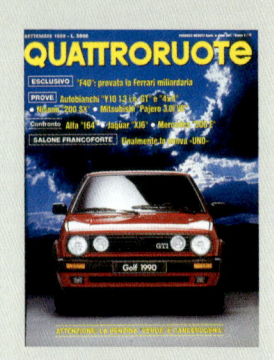

1990年型
VWゴルフが表紙を飾ったのは1989年9月号だった。この号ではニッサン200SX（日本仕様180SX）、フェラーリF40（右はテストパイロット、イヴァン・カペリと）のテストが行なわれた。記事には無鉛ガソリンのベンゼンには発癌性物質が含まれるというリポートがある。触媒装着車用のガソリンだ（訳注：当時のイタリアではまだ、有鉛ガソリン／触媒なしのクルマが主流だった）。

「40度の熱」クアトロルオーテがF40のインプレッションにつけたタイトルである。それは1990年代の自動車神話であり、F1のように設計されたフェラーリだ。マラネロの"ロッソ"という情熱をますます高めるようなパフォーマンスのみならず、F40は何億リラ単位の小切手を切ることもいとわない、ごく少数の裕福な自動車愛好家の、異常とも思える買い占めレースの対象となったのだった。それにしても、どうしてこんなに狂喜するのだろうか。その答えははっきりしたものだった。答えてくれたのはF1パイロットで、当時マーチに属していたイヴァン・カペリ（Ivan Capelli）だ。彼はこのテストのためにレースの合間を縫って、ヘリコプターでフィオラーノ（Fiorano）・サーキットにやってきた。

「このクルマを手に入れるために多額の金を払う人の気持ちが、今ならわかる気がするよ」F40で何周か走ったあと、カペリはこう告白した。「何に似てるって？ もちろんF1だよ。同じエモーションを与えてくれる。同じ楽しみを感じるクルマだ。たとえ最高速度までたどりつかなくてもね」V8ターボは太いトルクを持つ、柔軟性の高いエンジンで、たとえ1000rpmでもそれを感じることができるのだ。

「スロットルは軽く踏むだけで充分だ。それだけで前にウワーッと飛び出していく。これはライバルのスポーツカーでは味わえないね、絶対に。パワーはエンドレスに思えてくる。7500rpmまでどんどんパワーが出てくるんだ。ターボ独特の低回転域での"空洞"、これはこのクルマではまったく感じられなかったよ」

パワーアシストのないステアリングは、まるでレーシングマシーンからの転用のようで、かなりヘビーだ。「でも、ハイスピードのときは完璧に近い。ドライバーの望むとおり、レスポンスはクイックで、修正にも的確に応えてくれる」

ブレーキはどうだろう。レーシングマシーン同様、ABSは装着されていない。サーボもない。踏みこむにはかなり力がいるし、ウェット路面や緊急時には慎重に操作する必要があるが、効きは充分だし、フェードにも強い。

レーシングマシーンを彷彿させるのはハードな部分ばかりではない。内装も同様だ。ロードホールディングも抜群で、最初のプロトタイプからレース仕様というこのスポーツカーのルーツを見せられた気がした。

「経験豊富なフェラーリのエンジニアとテストドライバーだけが生みだすことのできるクルマ、それがF40だ。ドライバーのリクエストに正確に応えるクルマ、スロットルとステアリングのコントロール次第で思いどおりのドライビングができるクルマ、それがF40だ」

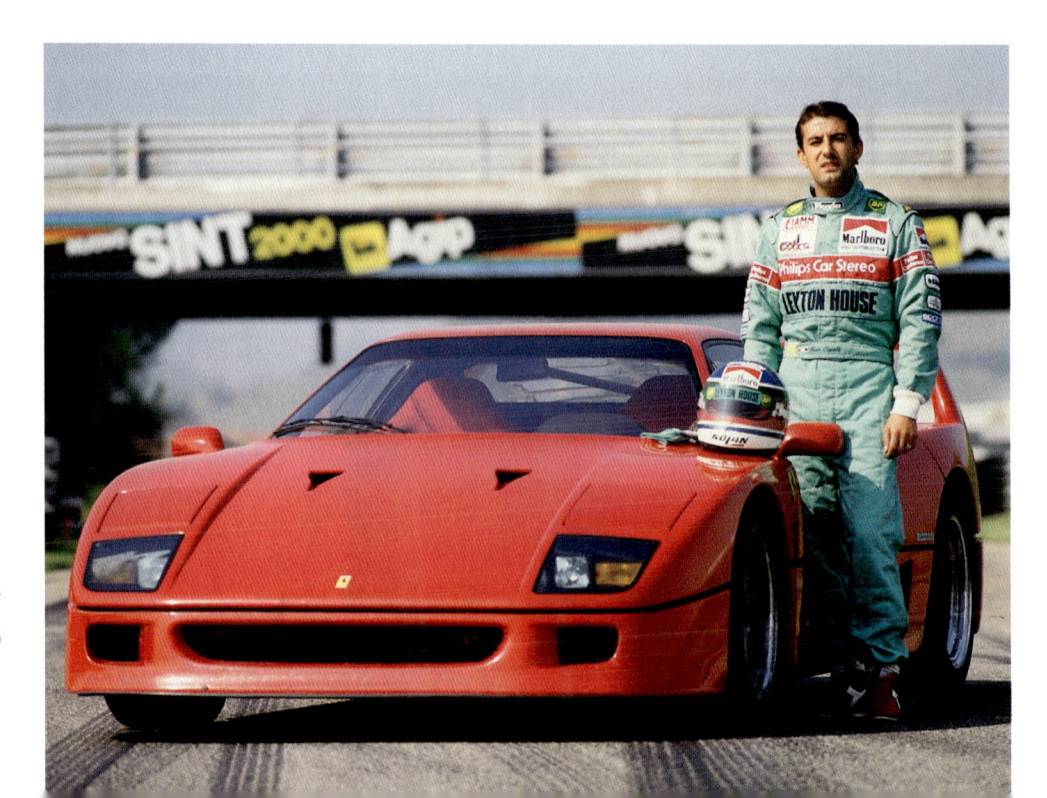

PERFORMANCES

最高速度	km/h	0−240	16.4	70−220	26.3
	326.193	0−260	20.2	**制動力**	
発進加速		停止−400m	11.9	初速 (km/h)	制動距離 (m)
速度 (km/h)	時間 (秒)	停止−1km	21.0	60	13.4
0−60	2.5	**追越加速** (5速使用時)		100	37.3
0−80	3.3	速度 (km/h)	間 (秒)	120	53.7
0−100	4.6	70−80	2.9	140	73.2
0−120	5.5	70−100	8.2	160	95.5
0−140	6.6	70−120	12.6	200	149.3
0−160	8.0	70−140	16.1	**燃費** (5速コンスタント)	
0−180	9.5	70−160	18.4	速度 (km/h)	km/ℓ
0−200	11.3	70−180	20.9	90	11.6
0−220	13.8	70−200	23.4	120	9.7

モンディアル t 1989〜1993

フェイスリフト

外見上、モンディアル t は1980年に誕生した際のピニンファリーナのクラシックなデザインを維持している。ヘッドライトは同じリトラクタブル式ながら、中のライトが丸形から角形に変更された。いっぽう内装は完全な新設計。フロントシートにはシートベルトが組みこまれている。計器類が整然と配置されており、ステアリングにはチルト機構が備わり調節が可能になった。ペダルの配置も見直されて使いやすい。リアのスペースも狭すぎず、子供には充分といえるだろう。ただし大人には窮屈で、ショート・ドライブ向きだ。

2＋2シーター・モンディアルのサード・シリーズには、マイナーチェンジ以上のマイナーチェンジ、大幅な変更が施された。時代に即したアップデートが求められる——そういう時期を迎えていたのだ。

ニューモデルが発表されたのは1989年のジュネーヴ・ショーだった。外見上についていえば、前モデルのモンディアルとの相違点はわずかしかなかった。内装はまったく新しくデザインされている。「広く、快適に」をモットーに見直されたのだ。計器類はスポーティになった。

メカニズムについて目新しいのは、3種類の硬さが選択できる電子制御可変ダンパーが採用されたことだ。ブレーキにはABSが装着された。また、エンジンの排気量が大きくなり、3405ccとなった。なにより変わったのはそのレイアウトで、このモデルから縦置きに変更されている。エンジンの搭載位置は13cm低くなり、結果、重心が下がったことでロードホールディングがよくなった。DOHC32バルブ・ユニットの出力は300psで、モンディアル3.2より30ps向上したことになる。最高速度は255km/hを記録した。

ギアボックスが横置き——横置きを意味するトラスベルサーレ（trasversale）からモンディアル t と名づけられた——となったが、この時からしばらく、V8のフェラーリのギアボックスは横置きが続く。モンディアル t のメカニズムは、その後の2シーター・ベルリネッタのベースとなるものだった。クラッチはレーシングカーのそれのようにギアボックスから独立して、パワートレーンの後端に配置されている。

前モデル同様、モンディアル t ではカブリオレ・バージョンも用意された。ルーフ以外にたいした違いはなく、パワーも同じで、車重も約40kg増えただけだった（車重はクローズド・バージョンの1426kgに対して1468kg）。

モンディアル t はわずか3年の短い寿命だった。1992年には生産終了となり、12気筒の456GTに道を譲り、456が唯一の4シーター・モデルとなった。1989年には348がデビューしたこともあって、モンディアルの売れ行きは期待どおりとはいかなかった。348とモンディアル t は多くのパーツを共有していたが、その348のデザインはモンディアル t より2座少ないことを帳消しにするような、魅力的でモダーンなものだったからである。

**クーペ、それとも
カブリオレ？**
モンディアルtには2バージョンが用意されている。発売開始当時の価格はクーペが1億111万リラ、カブリオレは1億250万リラを超えた。

モンディアル t カブリオレ インプレッション

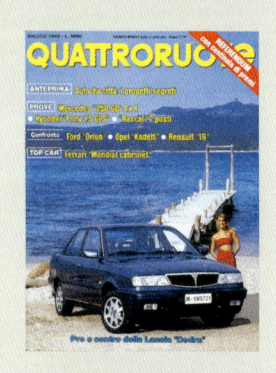

「トップカー」というのは『クアトロルオーテ』のドライビング・インプレッションのコラム名で、このコラムでは現行生産車のなかでもっともプレスティッジ性の高いクルマをテストすることになっている。1989年5月号でトップカーがセレクトしたのは、モンディアルtカブリオレだった。エクスクルーシヴなモデルでその数が少ないうえに、そのほとんどがアメリカに輸出された。当時の価格は1億3800万リラである。高いプレスティッジのクルマ(モンディアルtのV8エンジンは300psを絞りだした)を評価することは、クアトロルオーテのテストドライバーにとっても記者にとっても難しい。そこでF1ドライバーを招聘することになった。クルマを限界まで引っ張ることを依頼されたのはイヴァン・カペリで、彼はこのクルマでフィオラーノ・サーキットのコース上へと飛びだしていった。

生まれたばかりのマラネロの2+2に与えられた使命は、簡単なものではない。モンディアルは308GT4の後継車として誕生したが、308GT4はフェラリスタのハートに響かず、フェラーリの期待に応えることができなかった。1989年にリニューアルされたこのモンディアルtは、エンジンとサスペンションが電子制御になったことで大幅な進歩を遂げた。スポーツ・ドライビングと乗り心地という、相反する要素のバランスをうまくとったクルマに生まれかわったのだ。

たとえばスポーティな4バルブ・エンジンの特徴ともいえる4000rpm以下でのトルクの"空白"が、モンディアルtでは"埋まっている"。遅

書面で回答

読者に、一定のテーマについて意見を聞いたり、雑誌への要望を教えてもらうためにインターネットを使うということは、この時代はまだ絵空事で、意見を募るには賞品が必要だった。ランチア・デドラが表紙の1989年5月号では、速度制限についてのアンケートを行なったが、3問の答えを本誌付属のはがきに記入されたものが、編集部に郵送されてきたのだった。

しいV8の特徴を損なうことのないモトロニック電子制御の採用によって可能になったのだろう。

「エンジンは4000rpm以上ですごくよくなる。7000rpmくらいまで、いい状態が続くんだ。2000rpmから3000rpmの間は、まだちょっとトルクが細い感じがするけどね」これはカペリのコメントだ。

排気量は拡大され、パワーはモンディアル3.2より30ps増強、トルクも太くなっている。パフォーマンスは向上して、ドライビングをより楽しめるようになった。0−400m、0−1kmの加速タイムは、前モデルより1秒半ほど縮まっている。また、なんといっても"パワーステアリングが装備されたフェラーリ"なのだから、混み合った街中でも楽に走ることができる。

「フェラーリにだって必要だよね。パワーステアリングは便利なだけじゃない。コーナーで鼻先を変えるのにも、ステアリングをわずかに動かすだけでいいんだから。そういう意味ではスポーティなドライビングには欠かせない」

ブレーキも最高の評価を得た。「限界まで頑張ってもフェードすることがない、最高の部類に入るブレーキだと思う。レスポンスがいいね。制動距離も短いんだ。サーキットを何周か走ってもその効きは変わらないよ」

ただし、コーナーでは細心の注意が必要だ。リバースは非常にクイックで、思わぬ裏切りに遭遇することも……。

PERFORMANCES

最高速度	km/h	0−180	17.8	70−180	28.2
	257.055	0−200	22.4	制動力 (ABS)	
発進加速		停止−400m	14.3	初速 (km/h)	制動距離 (m)
速度 (km/h)	時間 (秒)	停止−1km	25.7	60	14.0
0−40	2.0	追越加速 (5速使用時)		80	24.9
0−60	3.0	速度 (km/h)	間 (秒)	100	39.0
0−80	4.7	70−80	2.8	120	56.1
0−100	6.3	70−100	7.4	140	76.4
0−120	8.5	70−120	12.4	160	99.8
0−140	10.9	70−130	17.2	180	126.3
0−160	14.2	70−160	22.2	200	155.9

コーナーでの注意点
大パワーのミドシップの常だが、モンディアルtもコーナーの出口では注意が必要だ。リアの挙動はドライバーのスロットル操作に対して非常に神経質だった。

348 tb/ts 1989〜1994

**ファミリー
フィーリング**

まちがいなくファミリー・フィーリングを大切にしたニューモデルだった。実際、デビュー当時（1989年）には過去の多くのモデルとの類似点が、さかんに話題となった。348は確かにテスタロッサをスケールダウンしたようなデザインだ。なにより308／328の後継ベルリネッタ・モデルで、348のテールエンドのグリルがテスタロッサを連想させる。キャビンはレース・イメージと伝統的な内装をうまく調和させた仕上がりになっている。

1989年のフランクフルト・ショーに登場した308系の最終モデルである328の後継車は、まさしく革命と呼ぶにふさわしいニューモデルだった。販売に大きな期待がかかった新車の名は348tbという。スポーツカーにふさわしいキャラクターを持ち、かつ日常的に使える扱いやすさを備えるという使命を負ったため、卓抜した技術を必要とし、同時に時代に見合ったスタイリングも求められた（308シリーズのデビューは1975年）。

スタイリングは今回もまたピニンファリーナの手に委ねられたが、308／328の曲線の強いラインを捨てさり、エアロダイナミクスに富んだウェッジシェイプを完成させた。モダンで、縮められたリアのオーバーハングが全体をコンパクトに見せている。348のヘッドライトはリトラクタブルで、定番となったサイドルーバーがエンジンにフレッシュエアを運びこむ。

ノーズを特徴づけるのは細長いグリルで、その下には黒いスポイラーが控える。リアもフロント同様、力強い印象を与えるが、最初に目につくのは、バンパー下のスポイラーと、ばっさりと切り落とされたリアエンドの、いわゆるコーダ・トロンカだろう。そこにはテスタロッサ同様、テールライト全面にボディ幅いっぱいのグリルが備わる。エンジンフードは平らだが、全体を調和させるため、Cピラーがサイドウィンドーからテールエンドまでほぼ繋がっている。これはディーノ206GTの最初のプロトタイプで用いられたデザイン手法だ。これに対し、星型5本スポークの軽合金鍛造アルミホイールのデザインは斬新な試みといえる。モダンなフェラーリだが、伝統も大切にしており、フェラーリの歴史に残るモデルを想起させる要素も多く備えていた。

ボディ・バリエーションは2種類で、クローズドのベルリネッタ（tb）と脱着式のルーフを持つタルガ・タイプ（ts）が用意された。内装はとても豪華で、要所要所にアルミと豊富なレザー

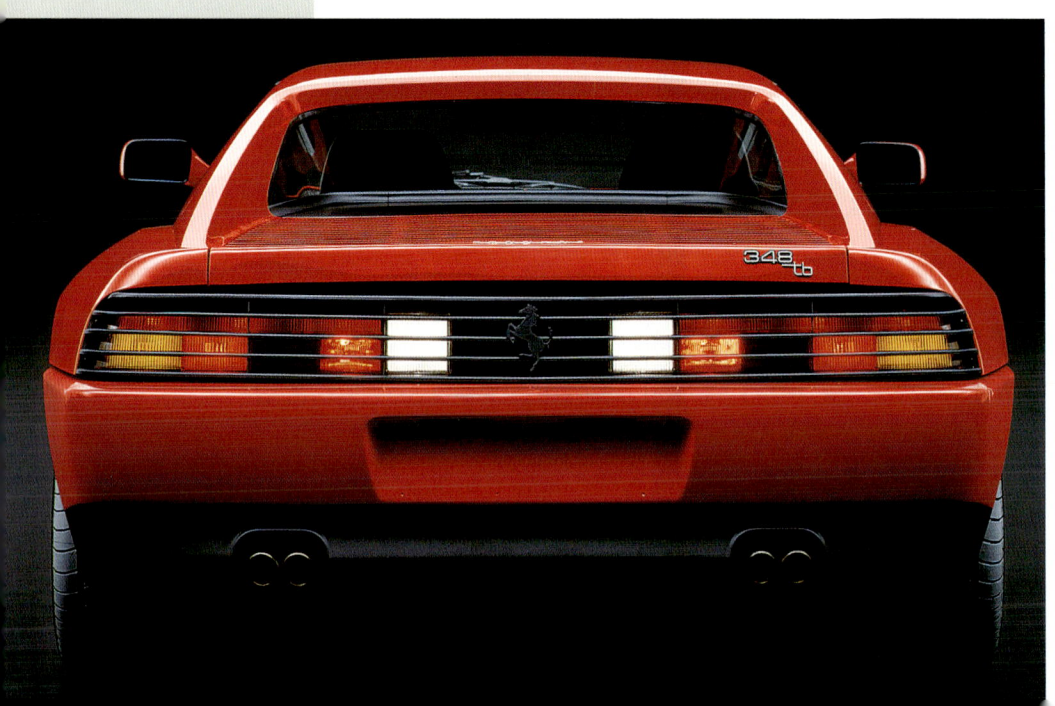

ウェイティングリスト
フロントマスクを特徴づけているのはリトラクタブル式のライト。サイドボディには1980年代のフェラーリ・キャラクター、ルーバー・パネルを備えたインテークが見られる。高い信頼性を持ったフェラーリで、348を手に入れるには1億4000万リラの小切手を切らなければならなかったが、それでも数年待ちという状態だった。128ページの下はサイドビュー。流線型のラインがよくわかる。

テクニカルデータ
348tb（1989）

【エンジン】＊形式：90度V型8気筒／縦置き ＊総排気量：3405cc ＊ボア×ストローク：85.0×75.0mm ＊最高出力：300ps／7200rpm ＊最大トルク：323Nm／4200rpm ＊圧縮比：10.4：1 ＊タイミングシステム：DOHC／4バルブ／ベルト駆動 ＊燃料供給：電子制御インジェクション ボッシュ・モトロニックM2.5

【駆動系統】＊駆動方式：RWD ＊変速機：5段 ＊クラッチ：乾式複板／40％LSD ＊タイア：(前)215/50R17 (後)255/45R17

【シャシー／ボディ】＊形式：スチールモノコック・ボディ＋鋼管サブフレーム／2ドア・クーペ ＊乗車定員：2名 ＊サスペンション：(前)独立 ダブルウィッシュボーン／コイル，テレスコピック・ダンパー，スタビライザー (後)独立 ダブルウィッシュボーン／コイル，テレスコピック・ダンパー，スタビライザー ＊ブレーキ：ベンチレーテッド・ディスク／ABS ＊ステアリング：ラックピニオン

【寸法／重量】＊ホイールベース：2450mm ＊トレッド：(前)1502mm (後)1578mm ＊全長×全幅×全高：4230×1894×1170mm ＊車重：1393kg

【性能】＊最高速度：275km/h ＊0～100km/h加速：5.6秒

オリジナルレイアウト

348の特徴は、「すべて後ろに」というところだ。サイドにはふたつのラジエターが配置され、新しいシャシーはプレス鋼板で構成されたセミモノコック構造となった。鋼管サブフレームにエンジンが載せられ、縦置きにミドシップされた。

が使われているのが特徴といえるだろう。ギアボックスはクラシックな5段のマニュアルで、H型のシフトゲートはセンターコンソールに配置されている。

リアフードの下にはモンディアルtと同じ3.4ℓV8エンジンが縦置きされ、DOHCの4バルブヘッドが300psという最高出力を絞りだす。いっぽう、ZF製LSD付きのギアボックスは横置きされる。これによりヨー・モーメントが減少した。クラッチには乾式のツインプレートを採用。車重はわずか1393kgで(モンディアルtに比べ、75kgの軽量化)、このことが高性能化に大きく貢献した。実際、最高速度はモンディアルtの255km/hに対して348では275km/hを記録、また加速力、制動力ともに上をいくものだった。ロードホールディング性能も優れていた。サスペンションは前後ともダブルウィッシュボーンである。残念ながら、シャシーの剛性が低いせいで(フェラーリ初の混成モノコックだったが、これが失敗だった)、348はハンドリングも敏捷性も抜群に優れているとは言いがたかったが、コーナーでの挙動が悪いというほどではなかった。

ブレーキはABS付きの4輪ベンチレーテッド・ディスクで、高圧式ダブルサーキットが採用された(遡ること数ヵ月前にモンディアルtに搭載されており、フェラーリでは348が2台目)。興味深いのはステアリングホイールの位置だ。ほとんど垂直に設置されており、これに合わせたドライビング・ポジションが要求された。

モンディアルtではオプションで用意されていた、1993年にフランスのヴァレオ(Valeo)社が開発したオートマティック・クラッチは、348には採用されなかった。この手のモデルの登場は、さらに進化した355F1を待つことになる。

同93年、エクステリア・デザインがマイナーチェンジを受けたほか、出力が20ps向上、最高出力が320ps／7600rpmとなった。348はその品質の良さが受けてフェラーリの看板モデルとなり、商業的成功をもたらした。生産期間は5年で、総生産台数は8000台にものぼった。

1994年、348はF355に道を譲る。F355はさらにモダーンなコンセプトのフェラーリで、ワンメイク・レース・シリーズ、フェラーリ・チャレンジ用のモデルも用意されることになる。

これまた成功

348tsはタルガ・タイプのスパイダー。脱着式のルーフを持つ。ベルリネッタのすっきりとしたラインを踏襲しているが、フェラリスタが求める、太陽を独り占めするドライブを可能にした。このオープンモデルはベルリネッタにもまして人気が高かった。左の写真は、センターコンソールに配置するという伝統にのっとったシフトゲート。

348 tb/ts インプレッション

"わずか" 1億4000万リラ、300psのフェラーリ・ファミリーのおチビさんを手に入れるには、何年も待たなければならなかった。それでもこのクルマには、それだけ待つ甲斐があった。まずなによりも、あのテスタロッサのように神話に満ちたモデルを連想させる、秀逸なラインを持ったフェラーリであるからだ。くわえて、348にはカヴァリーノ特有の味つけを与えるために、長い時間を費やして仕上げられたたくましいV8の響きがあった。フェラーリの雰囲気とフェラーリ独特のクラシックな要素も兼ね備えており、まさしくハイクォリティ・ロードゴーイングカーとして、少々待たされたとしても、入手する価値のあるフェラーリだった。

テスターを務めたF1パイロット、イヴァン・カペリは語る。
「フェラーリは他のスポーツカーとはまったく異なるスポーツカーなんだ。強いパーソナリティを持っている。このパーソナリティは、レーシングマシーンを製作するという宿命のもとに生まれたフェラーリの闘争心そのものだし、すごいのはロードゴーイングカーにも同じことがいえるということだよ」

続いて話は348のエンジンへ向かった。「フェラーリのエンジンのなかでも、もっとも優れたもののひとつだね」 ハンドリング（パワーステアリングはない）については「ハイスピードのときでも反応は正確で、すばらしい繊細さを持っている」 ブレーキにいたるまで "パーフェクト" の大行列が続く。「ドライバーがこれ以上求める必要がないほどの優れもの、いや、求める以上のものを持っているブレーキだ。サーキットでは敏感に反応するABSは、緊急時やウェットな路面での安全が保証されているしね」 ロードホールディングについても非常に進歩したといえるだろう。それでも注意は必要だ。
「348の挙動はほぼパーフェクトといえるものだ。しかし限界に近づくとオーバーステアになる。何の前触れもなくね。これを避けるのは簡単じゃない。ドライビングが上手くなるには時間が必要だし、忍耐もいるよ。プロにとっても簡単なことではないんだ」

ベルリネッタとスパイダー

1990年2月、クアトロルオーテでは初めて、348tbの動力性能測定を行なった。この2月号では（上は表紙）電気自動車の最新テクノロジーのリポートを掲載している。この年の8月、クアトロルオーテは348の、今度はtsバージョンを試乗したが、これはポルシェ・カレラ2との比較テストというスタイルで行なわれた。両方ともステアリングを握ったのはイヴァン・カペリ。tbとtsの動力性能値は同じだった（結果は131ページに）。

PERFORMANCES

最高速度	km/h	0—220	25.6	70—200	31.9
	278.393	停止—400m	13.6	制動力 (ABS)	
発進加速		停止—1km	24.7	初速 (km/h)	制動距離 (m)
速度 (km/h)	時間 (秒)	追越加速 (5速使用時)		60	14.2
0—60	2.8	速度 (km/h)	間 (秒)	80	25.2
0—80	4.1	70—80	2.4	100	39.4
0—100	5.6	70—100	6.8	140	77.2
0—140	9.8	70—120	11.3	160	100.9
0—180	16.0	70—160	20.4	180	127.7
0—200	20.2	70—180	25.5	200	157.6

オーバーステア
348でドリフトするのは難しいことではない。ステアリングは非常にクイックで、スロットルとステアリングの操作いかんで、簡単にテールを振ることになる。

512TR 1992〜1994

テスタ・ロッサ
"TR"という2文字は、1956年にデビューしたフェラーリのレーシングマシーンで数々の栄光に輝いたモデルに由来する。外見上、旧型と新型を区別するポイントは、348とよく似たそのマスクだろう。キャビンは豪華贅沢の極み。

　テスタロッサのデビューから5年後の1988年、フェラーリはトップに君臨するモデルのバージョンアップを決定した。研究開発とテストに長い時間が費やされたのち、1992年1月のロサンゼルス・ショーで512TRがその姿を現わした。

　このモデルはテスタロッサに類似したボディの下に、多くの新しい要素が与えられていた。パワーユニットは水平対向の12気筒エンジンで、ボアとストロークを変えることなく、出力の向上に成功している（390ps→428ps）。燃料供給は、ボッシュ製のKEジェトロニックから、同じ統合電子制御システムのモトロニックM2.7に変更されている。これは、排ガス浄化の向上に加え、エンジンがより効率よく機能するように採用されたものだ。性能も向上し、最高速度は290km/hから340km/hへ一気に引き上げられた。5.7秒という、テスタロッサが打ち立てた0ー100km/h加速の記録は、4.7秒にあっさりと塗り替えられた。

　センターボディを構成する楕円鋼管が衝突安全性能向上のため太くなり、テスタロッサではサブフレーム上にパワートレーンとサスペンションを取り付けてから、センターボディにボルトで固定されていたが、今回はそれが改められている。これは剛性を高めるため、同様の理由から、取り付け部にも斜めに補強パイプが追加された。ボディのアルミ板はより薄い（0.8mm）スペシャル・スチール・パネルに変更されたが、これは軽量化のためであった。ホイールは18インチ、大径ブレーキ・ディスクはF40から転用されたものだ。

　約3年間造られた512TRは、1994年10月のパリ・サロンでデビューしたF512Mに後を託した。

ワイドなリア
リアも各所に改良が施されたものの、オリジナルの雰囲気は充分に残されている。トレッドに大きな変更はない。

テクニカルデータ
512TR(1992)

【エンジン】*形式：水平対向12気筒／縦置き*総排気量：4942cc*ボア×ストローク：82.0×78.0mm*最高出力：428ps／6750rpm*最大トルク：491Nm／5500rpm*圧縮比：10.0：1*タイミングシステム：DOHC／4バルブ／ベルト駆動*燃料供給：電子制御インジェクション ボッシュ・モトロニックM2.7／触媒

【駆動系統】*駆動方式：RWD*変速機：5段*クラッチ：乾式複板／LSD*タイア：(前)235/40R18 (後)295/35R18

【シャシー／ボディ】*形式：鋼管スペースフレーム＋スチールボディ／2ドア・クーペ*乗車定員：2名*サスペンション：(前)独立 ダブルウィッシュボーン／コイル，テレスコピック・ダンパー，スタビライザー (後)独立 ダブルウィッシュボーン／コイル，テレスコピック・ダンパー，スタビライザー*ブレーキ：ベンチレーテッド・ディスク／ABS*ステアリング：ラックピニオン

【寸法／重量】*ホイールベース：2550mm*トレッド：(前)1532mm (後)1644mm*全長×全幅×全高：4480×1976×1135mm*車重：1630kg

【性能】*最高速度：307km/h*0－100km/h加速：4.7秒

456 GT／GTA 1992〜1997

調和

バランスのとれたプロポーションを持つ456GTは緩やかなラインのなかにも、凛としたところを持つデザインが特徴だ。デザインはピニンファリーナ。トラディショナル・フェラーリに比べると、ルーフからテールに続くラインがユニークな個性を生みだしている。リアバンパーには、速度にあわせて稼働するスポイラーが隠されている。

　フェラーリがグラントゥリズモの世界に戻ってくる。グラントゥリズモのエッセンスを抽出したニューモデルを携えて——。

　エンジンはV型12気筒、フロントに配置された2＋2モデル——これが456GTだった。モデル名が示すのは1気筒の排気量である。412のデビューから8年、生産終了から2年のちの、堂々たるクーペの登場である。

　456が公式デビューを果たしたのは1992年のパリ・サロンだが、それ以前にベルギーで行なわれたジャック・スワター（Jacques Swaters）主催のガレージ・フランコルシャン（もっとも古いフェラーリのディーラー）40周年記念行事の目玉として、ブリュッセル・ショーで紹介済みだった。また、このニューモデルのデビューは、ルカ・ディ・モンテゼーモロがフェラーリの社長に就任した時期とも一致している。まさに記念モデルと呼ぶにふさわしいニューカーだったのである。

　ニュー"ロッソ"は美しさやパワーだけが自慢ではない。このクルマの売りは"美"と"力"に加えて、信頼性と扱いやすさ、日常的に使えるフットワークの良さだった。もちろん、ライバルであるドイツ車と同じようにロングドライブにも適していた。456GTは、クォリティ、コンフォート、そしてドライビング・プレジャーという3点において、新基準をうちたてた画期的なモデルであり、そういう意味でもフェラー

自慢

長いエンジンフードは1950〜60年代のフェラーリそのものだが、その下にはパワフルな大排気量エンジンが隠されている。リトラクタブル・ヘッドライト後方のエアスクープは、ラジエターの熱を排出するためのものだ。バンパー下部にはフロント・ディスクブレーキを冷却するエアインテークがふたつ設置された。

テクニカルデータ
456GT（1992）

【エンジン】＊形式：65度V型12気筒／縦置き ＊総排気量：5474cc ＊ボア×ストローク：88.0×75.0mm ＊最高出力：442ps／6200rpm ＊最大トルク：540Nm／4500rpm ＊圧縮比：10.6：1 ＊タイミングシステム：DOHC／4バルブ／ベルト駆動 ＊燃料供給：電子制御インジェクション ボッシュ・モトロニックM2.7／三元触媒

【駆動系統】＊駆動方式：RWD ＊変速機：6段／トランスアクスル ＊クラッチ：乾式単板／LSD ＊タイヤ：(前)255/45R17 (後)285/40R18

【シャシー／ボディ】＊形式：鋼管スペースフレーム＋アルミ＆コンポジットマテリアルボディ／2ドア・クーペ ＊乗車定員：4名(2+2) ＊サスペンション：(前)独立 ダブルウィッシュボーン／コイル,電子制御可変テレスコピック・ダンパー,スタビライザー (後)独立 ダブルウィッシュボーン／コイル,電子制御可変テレスコピック・ダンパー,オートレベライザー ＊ブレーキ：ベンチレーテッド・ディスク／ABS ＊ステアリング：ラックピニオン(パワーアシスト)

【寸法／重量】＊ホイールベース：2600mm ＊トレッド：(前)1585mm (後)1606mm ＊全長×全幅×全高：4730×1920×1300mm ＊車重：1790kg

【性能】＊最高速度：320km/h ＊0-100km/h加速：5.2秒

ようやく快適になった

車重配分を適切化するために、LSDが組みこまれた6段変速のギアボックスはリアトレーンに追いやられた。下は456GTの内装。センターコンソールにはスイッチ類が12個並ぶ。このスイッチにはトランク・オープナーも含まれ、このトランク(316ℓ)には456専用バッグが収まる。

リの新たな1ページを作ったモデルといえた。

　この新たな哲学を具現化したのが、称賛を浴びた美しく気品あるデザインだった。抜群のプロポーションと流れるようなラインが特徴だが、それでいてしっかりとした個性を備えていた。それが、優雅だが強いパーソナリティを感じさせるスタイリングだった。今回もデザインはピニンファリーナである。彼らは1/1の実寸モデルと1/2.5モデルを風洞実験室に持ちこみ、グラウンド・エフェクト効果を上げ、ダウンフォースを高めるためのテストを繰り返した。その結果、アンダーボディは全体がパネルによって覆われ、車速感応式スポイラーがリアバンパーに内蔵された。

　ボディはアルミ製で、金属同士を繋げる最先端素材、フェランを介してスチールフレームに直接溶接されている。フェランという新素材は性質の異なるふたつの素材を溶接する際の仲介役ともいえるスチールシートで、両面が特殊加工されている。その結果、一方をスチールと溶接し、もう一方をアルミと溶接することができるのである。いっぽう、フロントフードとリトラクタブル・ヘッドライトの瞼部分はハニカム板が複合材のパネルにサンドイッチされた構造になっている。

　エンジンは挟角65度（これによりエンジンがコンパクトに仕上がっている）のV型12気筒で、排気量は5.5ℓ、出力は442psだ。エンジンブロック、ヘッドユニット、オイルパンは軽合金製、シリンダーはアルミ製となっている。燃料噴射と点火時期をコントロールするのは統合制御システムのボッシュ製モトロニックM2.7である。マニュアル6段のトランスアクスルに内蔵されたファイナルにはLSDが組みこまれている。ステアリングにはZF製サーボトロニック・パワーステアリングが採用され、これによってそれぞれのシーン（ハイスピード時やパーキング時など）に合ったアシスト量が選ばれるようになった。

　さらに、興味を惹かれるのが、快適な乗り心地と俊敏な運動性能の両立を図る、ダンパーの減衰力調節システムである。これはドライバーがコクピットから任意に選ぶことができるモー

パーソナリティ
広々したガラスがサイドビューを軽く見せる。フロント・ホイールアーチの後方にはエンジンルームの熱気を排出する通気孔が見られる。

Passione Auto • Quattroruote　137

ユニーク

456GTのホイールは軽合金鍛造アルミ製5本スポーク。フロント8.5×17、リア10×17。ハイクラスの証、スタッドボルトに囲まれた中央部に、カヴァリーノ・ランパンテのマークを欠かすことはできない。その横はもうひとつの"サイン"、燃料タンクのキャップに記されたフェラーリの文字。下はサイドのエアアウトレットのディテール。

ドのほかに（ハード／ミディアム／ソフトの3段階）、車速や前後左右のGに応じて必要な衰退力を選ぶオートモードが備えられている。またリアサスペンションには、荷重によって車高を自動的に調節するセルフレベライザー機能も装着された。

　外観は限りなく美しく、室内はあくまで快適に——これが新しいフェラーリ、456である。その外見のボリュームに見合ったスペースを乗り手に提供する456は、4人のパセンジャーに充分な居住空間が用意されていた。内装を手がけたのもピニンファリーナで、操作系はふたつのパートに分けて集約され、ひとつはドライバーの正面に、もうひとつはセンターコンソールにある。正面に見えるのは読みやすいレヴカウンターとスピードメーターで、センターコンソールにはドライビングとは直接関係ない二次的な機能のスイッチ類が集められた。インジケーターはクラシックなスタイルであり、シフトレバーはフェラーリ・スタイル（アルミの削り出し）を採用する。シート（すべて手縫いで製作されている）とダッシュボードを覆うのはレザーで、これがフェラーリ独特の雰囲気を生みだしている。また、電動パワーシート、8スピーカーCDオーディオ、エアコン、これらすべてが標準装備となった。

　456GTはデビューしたとたん、クライアントのハートをつかんだ。フェラーリはこれまでの慣習ともいえる、内輪の地味なプレゼンテーシ

ョンではなく、史上はじめて、この名前にふさわしい華やかなデビューを企画した。ニューモデルのお披露目に、なんと300万ドルをかけたのである。同時にこれはモンテゼーモロの披露でもあったため、盛大に行なわれたのだろう。

　1996年、456GTA（Aはオートマティックを意味する）がデビューする。より洗練された、4段オートマティック・トランスミッションの搭載モデルである。シフト・スケジュールはドライバーのドライビング・スタイルに合わせてコンピューターがコントロールする。スロットル開度、車速、エンジン回転数などの各種センサーから送られてくる信号をもとに、その時々の状況に適したギアを選択する仕組みだ。このハイテクノロジーのおかげで、パフォーマンスはマニュアル・バージョンを若干下回る程度で済んだ。たとえば0－100km/h加速については5.5秒と、マニュアル・バージョンとの差はわずか10分の3秒だった。

　1998年、456GTとGTAは456M GT／GTAとなった。456のオフィシャル・バージョンはクーペだったが、クライアントのリクエストで、さまざまなタイプのボディに仕立てられたワンオフが誕生した。もっとも珍しいのはブルネイ・ダルサラーム国のスルタンのためにピニンファリーナが製作した456GTベルリネッタで、3台のステーションワゴン、456GTヴェニス（Venice）も製作された。456のコンバーティブルも2台、ピニンファリーナによって造られている。

ヌード・メタル
1996年に発表された456GTAのオートマティックでも、シフトレバーはレーシングマシーンよろしく、メタルがむき出しで使用されている。このギアボックスはイギリスのリカルド（Ricardo）社の協力のもとに開発され、製造は同社が行なった。マニュアルのスペースにオートマティック・ギアボックスを入れることは不可能だったため、リアトレーンの再設計を強いられた。ロックアップ付きトルクコンバーターと4段変速機構が、LSDともどもトランスアクスルに配置された。主要マーケットはアメリカだったが、456全体でみてみると、2/3がオートマティックを選択した。デビュー当時の価格はGTAが3億7875万リラで、456GTの3億6500万リラより割高であった。

456GT インプレッション

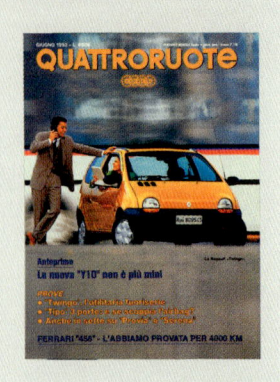

好奇心

フェラーリ456GTをはじめとする多くのドライビング・インプレッション以外では、1993年6月号の『クアトロルオーテ』はエアバッグの開発ストーリーを掲載している。エアバッグは、1952年にひとりの天才、ジョン・ヘントリック（John Hentrick）が発明した。アメリカのエンジニアで、当時74歳。この膨らむクッションを最初に搭載したのは、1974年型シボレー・インパラだった。

ほかのテストとはひと味ちがう。クアトロオーテは456GTのテストに際してちょっとした"工夫"をほどこした。

4000kmの旅――編集部のあるロッツァーノ（Rozzano＝ミラノ郊外）からニュルブルクリンクへ向かい、帰りはニュルブルクリンクからルマンとモンツァを通って戻る、5日にわたるヨーロッパ・グランドツーリングを敢行したのである。旅の友は442psを誇っていた。

「居住スペースはすばらしい」旅した記者はこう記す。「ふたり旅には充分なスペースがあった。リアシートはもちろん広々というわけにはいかないが、まったくダメということもない。荷物はすべてトランクに入れたが、このトランクはこの手のクルマでは考えられないくらいの容量を備えている」

ドライビング・コンフォートも上々で、ウィンドーのウェザーストリップを通して風が入ってくるのがちょっと気になった程度だ。テスト車はプレシリーズであったために、まだ完璧には仕上がっていなかったのだろう。

さて、街中の渋滞を抜けてアウトストラーダに入ると456は本領を発揮した。「トルクを最大域にもっていくと、エンジン音のトーンが一気に変わる。鋭い唸りを上げるのだ。ハイスピード時のハンドリングは完璧で、軽くなることがない。逆にコントロールがよくなっていく」

456は徐々に距離を伸ばしていく。いよいよこのクルマのスピードを試すにふさわしい3つの場所、サーキットのひとつ目、ニュルブルクリンクに到着する。ロングコース（20km）だったため、コースのすべてを頭に入れておくことは不可能で、その場その場でふさわしいドライビングを心がけた。「レース仕様並みの押しの強さを見せたのだが、フェラーリとはいえ、グラントゥリズモにこのレベルのパフォーマンスは期待していなかっただけに驚きだった」

高性能は次のブガッティ・サーキットの難度の高いコースでも証明された。「456は60Rのタイトコーナーでも、その挙動はニュートラル、タイヤを最大限に使いこなすことができる」

最後はモンツァだった。このサーキットはハイ／ロー両スピードを試せるため、456GTの技術と動力性能を試すには最高のテストコースといえるだろう。スロットルオフのままコーナーに進入、鼻先をインに向ける。それもかなり強烈に。それでもクルマがスタビリティを失うことはなかった。最終コーナーを立ち上がり、メインストレッチの"ボックス"あたりで5速に入れると、あっという間にゴールとなった。

PERFORMANCES

最高速度	km/h
	309.503

発進加速

速度(km/h)	時間(秒)
0—60	2.6
0—100	5.2
0—120	6.8
0—140	9.1
0—160	11.1
0—180	14.0
0—200	16.8
0—220	20.6
停止—400m	13.2
停止—1km	23.7

追越加速(5速使用時)

速度(km/h)	時間(秒)
70—100	6.0
70—120	10.2
70—140	14.5
70—160	19.3
70—180	24.0
70—200	28.5
70—220	33.2
70—240	38.8

制動力(ABS)

初速(km/h)	制動距離(m)
100	36.0
130	60.8
160	92.3
180	116.7
200	144.0

電子制御
ダンパーには減衰力可変システムが採用された。車速や前後左右のGに応じて必要な衰退力を電子制御するオートモードが備えられている。くわえて、ドライバーがコクピットから任意に"ソフト""ミディアム""ハード"の3段階より選ぶこともできる。

348スパイダー 1993〜1995

消える
348スパイダーのオープンルーフ・システムは、マラネロで設計、開発されたもので、開けたときにはルーフがシートの後ろ側に消える仕組みだ。スポイラーはボディと同色にペイントされている。これは348のセカンド・シリーズに採用されたものと同じ。143ページは上からタルガ・タイプのts、スパイダー、そしてベルリネッタのtb。

348スパイダーは、アメリカ西海岸、ロサンゼルスでお披露目された。正確にはビバリーヒルズのロデオ・ドライブである。プレゼンターを務めたのは、人気女優シャロン・ストーンと往年の名優ジェームス・ガーナーだった。

アメリカ、それもカリフォルニアを選んだのは偶然のなりゆきではなかった。このスパイダーは、フェラーリのオープンモデルのホームグラウンドともいえる、アメリカ市場用に製作されたものだったからである。フェラーリの完全なオープン2シーターは、365GTS/4デイトナ以来、登場していなかった。348スパイダーは日常的に使えるフェラーリとしては、もっとも豪華なバージョンといえるだろう。348スパイダーの購入に食指を動かされたのは、いわゆるエリート・クライアント以外にも多く存在し、商業的観点でこのクルマを見ると、成功を収めた。

アルミニウムとスチールのボディをデザインしたのはピニンファリーナで、モデナのスカリエッティが製作した。この時点ですでに、スカリエッティはフェラーリ傘下に置かれていた。

348スパイダーのベースとなったのは348tbで、ウィンドシールド・フレームが転倒に備えて強化された。エンジンはミドシップ縦置き、3405cc V8DOHC、32バルブ（気筒あたり4バルブ）で、潤滑システムはドライサンプ方式が採用されている。出力は300psから320psに向上し、5段のギアボックスは横置きされ、LSDが組みこまれている。

フロントグリルの中央に光るのは、クローム仕上げのカヴァリーノ・ランパンテである。スポイラーはボディと同色に塗装された。フェラーリが開発したトップはキャンバス地で、リアウィンドーはプラスティック製だ。風洞実験室でテストが繰り返された結果、ルーフをつけた状態でもベルリネッタとの同じ性能を発揮することに成功した。

1995年、348スパイダーはF355スパイダーに引き継がれることになる。

テクニカルデータ
348スパイダー（1993）

【エンジン】＊形式：90度V型8気筒／縦置き ＊総排気量：3405cc ＊ボア×ストローク：85.0×75.0mm ＊最高出力：320ps／7200rpm ＊最大トルク：324Nm／5000rpm ＊圧縮比：10.8：1 ＊タイミングシステム：DOHC／4バルブ／ベルト駆動 ＊燃料供給：電子制御インジェクション／触媒

【駆動系統】＊駆動方式：RWD ＊変速機：5段 ＊クラッチ：乾式単板／40％LSD ＊タイヤ：(前)215/50R17 (後)255/45R17

【シャシー／ボディ】＊形式：スチールモノコック・ボディ＋鋼管サブフレーム／2ドア・オープン ＊乗車定員：2名 ＊サスペンション：(前)独立 ダブルウィッシュボーン／コイル, テレスコピック・ダンパー, スタビライザー (後)独立 ダブルウィッシュボーン／コイル, テレスコピック・ダンパー, スタビライザー ＊ブレーキ：ベンチレーテッド・ディスク／ABS ＊ステアリング：ラックピニオン

【寸法／重量】＊ホイールベース：2450mm ＊トレッド：(前)1502mm (後)1578mm ＊全長×全幅×全高：4230×1894×1170mm ＊車重：1440kg

【性能】＊最高速度：274km/h ＊0-100km/h加速：5.4秒

F512M 1994〜1996

さらば！
パワフルな12気筒水平対向エンジンをエンジンフードの下に隠すF512M。1970年代に誕生したフラットエンジンのカヴァリーノは、このF512Mが最後となった。

フェラーリ・テスタロッサのデビューから10年、最新バージョンが登場する。技術的により洗練され、高い完成度を誇り、おそらく外見上もよりバランスがよくなったモデルといえるだろう。搭載されたパワーユニットは、まさにフェラーリの12気筒水平対向エンジンの集大成といえるものであった。1996年からカヴァリーノ・ランパンテのスポーツカーの女王となるのは、65度V型12気筒エンジンをフロントに搭載した550マラネロとなる。そういう意味においてF512Mは、スポーツカーとしてのみならず技術的見地からも、フェラーリ自らが満足のいく設計哲学を確立した水平対向エンジンを搭載した、最後のフェラーリとなった。

F512Mというモデル名は、512TR（1992年デビューのテスタロッサのセカンド・バージョン）の流れを汲むテスタロッサ・ファミリーの証であり、テスタロッサとの強い絆を示す。最後に付けられたMはモディファイ（Modificata）を意味する。お気づきのとおり、最初のFとはF40同様、ニュー・フェラーリの登場にあたってよく用いられるようになった記号である。

ピュア・スポーツカーを目標に施された改良がF512Mの誇るべき点だ。この高性能はまさにトップクラスにふさわしいもので、マラネロのエンジニアとピニンファリーナが行なうべき作業はこのフェラーリを洗練させることであり、完璧なクルマに仕立てあげることにあった。

ヘッドライトは前モデルの特徴だったリトラクタブルに代わり、カバーされた固定式となり、ボディに組みこまれている。このヘッドライトの採用は、部品点数の削減と車重軽減に寄与した。バンパーもエンジンフードも新たにデザインされたが、より丸みのついたフードにはNACAタイプのダクトがふたつ設けられている。ホイールは18インチの5本スポークである。テールライトをカバーしていたグリルがなくなり、代わってフェラーリらしいスタイルのクラシカルな丸型テールライトが採用された。

過去と現代の間で
テスタロッサと512TRの後継車、F512Mからはテールグリルがなくなり、テールライトが丸型のクラシックなタイプになった（144ページ）。ヘッドライトは流線型に変わり、NACAタイプのインテークダクトがフロントフードに装着されている（下）。

テクニカルデータ
F512M（1994）

【エンジン】＊形式：水平対向12気筒／縦置き　総排気量：4942cc　＊ボア×ストローク：82.0×78.0mm　＊最高出力：441ps/6750rpm　＊最大トルク：500Nm/5500rpm　＊圧縮比：10.4：1　＊タイミングシステム：DOHC／4バルブ／ベルト駆動　＊燃料供給：電子制御インジェクション ボッシュ・モトロニックM2.7／触媒

【駆動系統】＊駆動方式：RWD　＊変速機：5段　＊クラッチ：乾式複板／LSD　＊タイヤ：(前)235/40R18　(後)295/35R18

【シャシー／ボディ】＊形式：鋼管スペースフレーム＋アルミボディ／2ドア・クーペ　＊乗車定員：2名　＊サスペンション：(前)独立 ダブルウィッシュボーン／コイル，テレスコピック・ダンパー，スタビライザー　(後)独立 ダブルウィッシュボーン／コイル，テレスコピック・ダンパー，スタビライザー　＊ブレーキ：ベンチレーテッド・ディスク／ABS　＊ステアリング：ラックピニオン

【寸法／重量】＊ホイールベース：2550mm　＊トレッド：(前)1532mm　(後)1644mm　＊全長×全幅×全高：4480×1976×1135mm　＊車重：1630kg

【性能】＊最高速度：315km/h　＊0−100km/h加速：4.7秒

戦いは続く

タイトルに政治的な意図はまったくない――これは政治の話ではない。クアトロルオーテが選んだ「戦いは続く」というこのタイトル（1996年10月号）は最新2台の比較を意味したものだ。テスタロッサ・シリーズの最後のヒーローと、そのヒーローの跡継ぎ、550マラネロが戦う。舞台となったのはヴァイラーノ（Vairano）にオープンしたばかりのクアトロルオーテ専用サーキットだった（公式発表は1995年9月）。ハンドリングコース（2560m）はニューカマーがベテランを3秒引き離した。かなりの違いだ……。それよりF512Mが恥ずべきはハンドリングだった。

「550マラネロとの比較でいえば、このベテランF512Mに哀れみすら感じる。ルーツを20年前に持つクルマで限界ドライブに挑戦するには、強固な肉体が必要とされる」

加速ではしかし、F512Mがわずかながら勝利した。リアトレーンがヘビーなために、パワーを余すところなく伝えることができるためだ。特にスタートからしばらくは550を離した。さらに、これもまた差はわずかだったが、スラロームも頑張った。これは重心が低いことに助けられた格好だ。

ボディはアルミ製で、主構造のチューブラーフレーム・シャシーには丈夫なスチールが使われている。さらに、ダンパー／ブレーキキャリパー／ホイールに軽合金を採用することによって車重が軽減した。

F512Mの内装はより快適になったが、そこにはスポーティな雰囲気が漂う。ステアリングホイールとシフトノブはペダル類同様、アルミ製である。オプションで15kg軽量のコンポジット素材を使用したシートが3サイズ用意されたが、この画期的なシートはF40に採用されたものに似ていた。このシートとともにオプションリストには3つのレザーバッグ・セットが並んだ。これはF512Mのトランクサイズ（250ℓ）に合わせて作られたもので、革の工具入れも用意された。

512TRの最高出力は428psだったが、F512Mの水平対向エンジンの出力は440psまで増強されたほか、燃焼室形状が変更され、アルミ鍛造ピストンのスキッシュエリアも見直された。新しい不等ピッチ・コイルのバルブスプリングが採用されたが、それは10000rpm付近まで耐えうるものだった。また、車重も512TRに比べ60kg軽量化され、性能はさらに究極に近づいた。

PERFORMANCES

最高速度	km/h
	314.980

発進加速

速度 (km/h)	時間 (秒)
0−100	4.6
0−200	14.5
停止−400m	12.4
停止−1km	22.4

追越加速 (5速使用時)

速度 (km/h)	時間 (秒)
70−130	11.7
70−200	26.1

制動力 (ABS)

初速 (km/h)	制動距離 (m)
100	34.9
200	147.5

F355 ベルリネッタ/GTS 1994〜1999

ルカ・ディ・モンテゼーモロが指揮を執るモデナのフェラーリ部隊にF355が加わった。モダーンで、先端技術の宝庫でありながら、扱いやすさの点では前モデル、348を凌ぐものだ。F355は美しく速く快適で、日常使用に適したフェラーリだった。1994年5月に発表されたこの2シーターは、あっという間に新旧両世代のフェラリスタの心をがっちりとつかんだのである。ニューモデルは入門レベルのフェラーリであり、当時の流行の産物でもあった。V12を搭載した456GTに比べ、ずっと扱いやすかったために、金持ちのおもちゃと称された。"フツウ"の自動車愛好家の夢だったのだ。

1994年はフェラーリにとってすばらしい一年だった。F355に加えてF512Mがデビューしたのもこの年だった。

F355はGTBではなく、ベルリネッタと呼ばれた。超モダーンなカヴァリーノ・スポーツカーは、過去と上手にバランスをとったフェラーリなのである。NAのロードゴーイング・フェラーリのなかで、F355の1ℓあたりの出力は最高で、なんと109ps/ℓを発生する。またギアボックスに初めて6段MTが搭載された。ほかにもある。"初めてづくし"とはこのクルマのことをいうのだろう、アンダーボディ全体をカバーが覆っているというのも初めてなら、1気筒あたり5バルブ、これもフェラーリとしては初めてのことだった。

技術の宝石というべきエンジンは、最高出力380ps/8250rpmを発する3496ccのV8DOHCで、ミドに縦置きされている。チタニウム製コンロッドを採用、潤滑はドライサンプ方式となる。LSDを内蔵するギアボックスは横置きされた。

F355はパワフルだが、特筆すべきは、このパワーをフルに使えることができる点である。F355のハンドリングはドイツ車にもひけをとらない。およそ300km/h（正確には295km/hだが）の最高速度に加えて、街中でも痛痒を感じることなく走ることができるうえに、トリッキーなコ

それぞれの役割
F355のパーツは空力と結びついている。たとえばサイドスカートは車体の下を流れるエアを誘いこむ。いっぽう、リアスポイラーはハイスピード時の車体のバランスをとるためのもの。

ネーミング
リアのグリルはリアエンドの特徴になっている。そのグリルに刻まれるF355というモデル名は、最初の2桁の数字が排気量（3500cc）を示し、最後の数字はバルブの数（5）を意味する。

テクニカルデータ
F355(1994)

【エンジン】＊形式：90度V型8気筒／縦置き ＊総排気量：3496cc ＊ボア×ストローク：85.0×77.0mm ＊最高出力：380ps／8250rpm ＊最大トルク：363Nm／6000rpm ＊圧縮比：11.0：1 ＊タイミングシステム：DOHC／5バルブ／ベルト駆動 ＊燃料供給：電子制御インジェクション ボッシュ・モトロニックM2.7／触媒

【駆動系統】＊駆動方式：RWD ＊変速機：6段 ＊クラッチ：乾式単板／LSD ＊タイア：（前）225/40R18 （後）265/40R18

【シャシー／ボディ】＊形式：鋼管サブフレーム＋スチール＆アルミ・モノコックボディ／2ドア・クーペ ＊乗車定員：2名 ＊サスペンション：（前）独立 ダブルウィッシュボーン／コイル，電子制御可変テレスコピック・ダンパー，スタビライザー（後）独立 ダブルウィッシュボーン／コイル，電子制御可変テレスコピック・ダンパー，スタビライザー ＊ブレーキ：ベンチレーテッド・ディスク／ABS ＊ステアリング：ラックピニオン（パワーアシスト）

【寸法／重量】＊ホイールベース：2450mm ＊トレッド：（前）1514mm （後）1615mm ＊全長×全幅×全高：4250×1900×1170mm ＊車重：1430kg

【性能】＊最高速度：295km/h ＊0－100km/h加速：4.7秒

ースを楽しむことも可能だ。これは太いトルク（最大トルク363Nm／6000rpm）と低回転での扱いやすさによるものだ。0－100km/h加速は4.7秒、0－1kmは23.7秒と驚くべき数字が並ぶ。F355が得意とするのはストレートばかりではない。というのも、ボディもまた、丹念に設計されているからである。構造はいずれもスチール製の、モノコックとサブフレームが基本だ。このサブフレームがリアセクションのエンジンとギアボックス、そしてサスペンションを支える。ダブルウィッシュボーンには電子制御可変ダンパーが備わるが、これはマニュアルとオートを選ぶことができる。アルミとスチールを組み合

レーシングマシーンのメカニズム
F355（透視図はGTS）のデビュー当時、ロードゴーイングカーで、F1マシーンのように1気筒につき5バルブ（上は5バルブを示すデザインスケッチ）を採用したクルマは、ブガッティEB110とF355だけだった。

わせたボディはピニンファリーナがデザインしたもので、伝統とコンパクトさをうまく具現化した。美しさはもちろんだが、空力面でも非常に優れたデザインだ。

本当の新しさという意味では、まさにこの空力の研究から生まれたアンダーボディに注目すべきである。積極的に気流を誘いこみ、それをすばやく流すために、アンダーボディは全体がカバーされている。さらにリアの小さなスポイラーが、140km/h以上でコーナーに侵入した際のスタビリティを保証する。サイドにはエアインテークが備わる。

ちょっと洗練されすぎたんじゃないかとクラ

グラウンド・エフェクト
フェラーリのエンジニアは1500時間にわたって風洞実験を繰り返した。空力数値のバランスをとるために、アンダーボディのエアの流れに対する研究が続き、結果その形状はグラウンド・エフェクトが発生するよう設計された。

スポーティだが洗練されている

中心に寄ったF355のペダル（下）配置には、フェラーリのレース経験が充分に活かされている。スポーティ・ドライビングに適した配置だ。右は専用の工具入れ。153ページの写真は、コノリーの柔らかいレザーがふんだんに使われた室内。

イアントを唸らせたのは、パワーステアリングが標準装備になったことだが、ドライビングを心底楽しみたい派、ハイスピード時の精確さにこだわる向きにはアシストなしも用意されている。ただし、オーダーの際にアシストなしと申しでることをお忘れなく——。ABSはオン／オフの切り替えが可能で、限界を考えずにサーキットを楽しみたいドライバーのための配慮だろう。

さて内装は——。2脚のシートを見るかぎりでは、スパルタンなミニマム・フェラーリだが、ふんだんに使われているのは、おなじみのコノリー製レザーだ。クロームも豊富に使われている。シートはレーシング・バケット仕様も用意された。

1994年にはGTSバージョンが登場する。技術的にはベルリネッタとまったく同じで、脱着式ルーフのみが異なる。その1年後、レース仕様のF355ベルリネッタ・コンペティツィオーネがデビュー、インターナショナル・ツーリングカー・チャンピオンシップ終了後、ヨーロッパで高い人気を誇るGTチャンピオンシップへの参戦をめざしたモデルだった。ロードゴーイング・バージョンと同じパワー（380ps）を持つプロトタイプながら、車重はわずか1100kgで、ギアボックスや電子制御システムはF1マシーンからフィードバックされている。クラッチペダルはなく、リアサスペンションはF40LMからノウハウを得ており、リアには巨大なウィングが装着されていたが、このフェラーリがレースを走ることはなかった。かわって、348チャレンジの後継として製作されたF355チャレンジが、V8フェラーリのワンメイク・レースに出場した。

1997年、355 F1が登場する。ステアリングコラムに設置されたパドルで操作する、F355ベルリネッタ・コンペティツィオーネから転用されたセミオートマティックを搭載していた。

F355は1994～98年の間に1万2000台が生産された。その後、1999年に後継モデル、360モデナが登場する。両モデルの差異は、F355と348の違いよりもさらに些細なものだった。

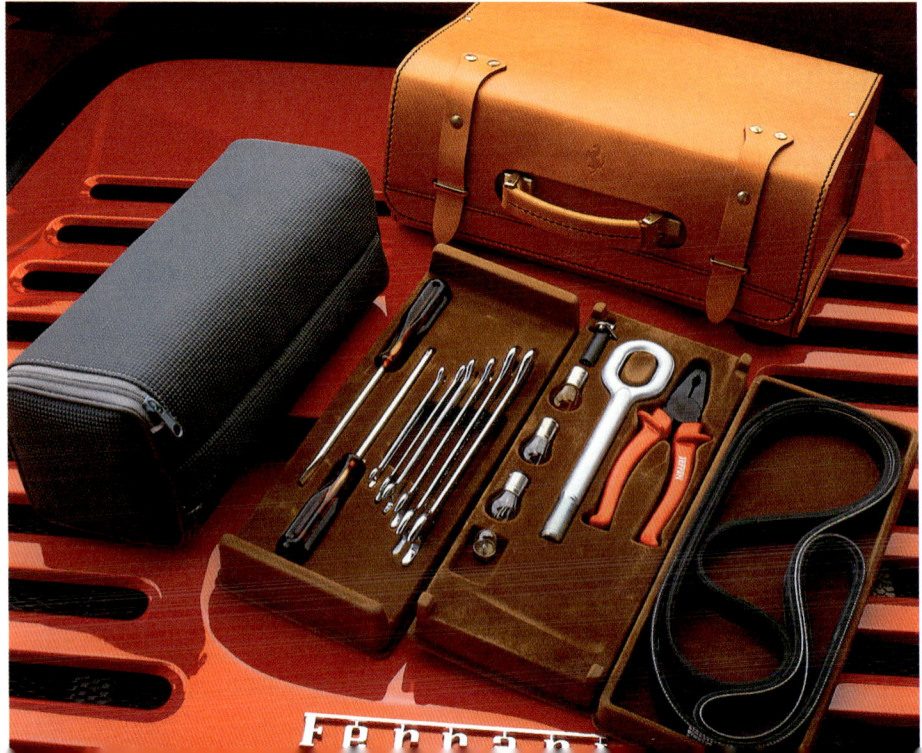

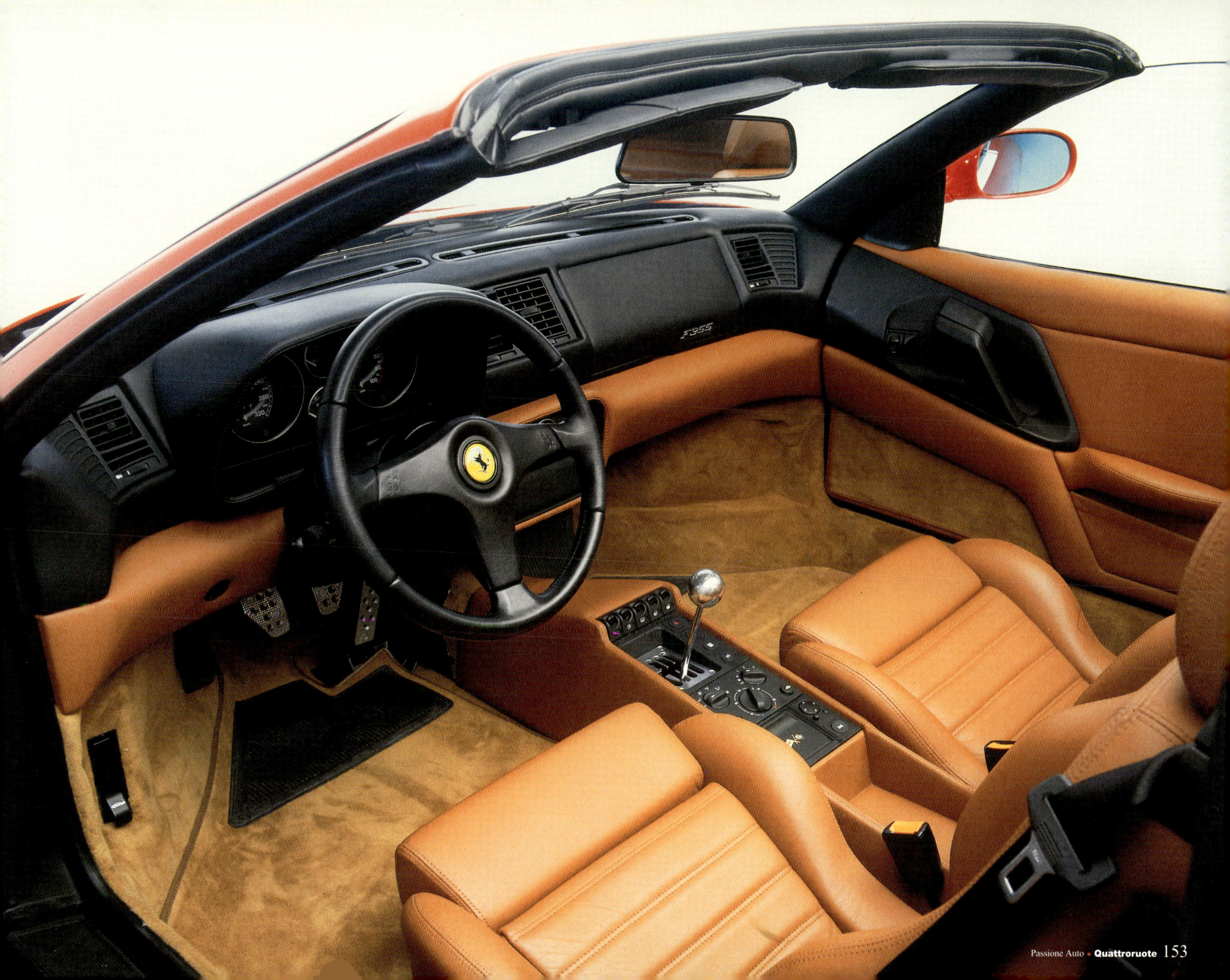
F355

F355 インプレッション

叫び！
トップカー・テスト：「一般道でも、サーキットでも、F355」これが表紙（1994年9月号）に入れられたタイトル。マラネロのニューカーのテストのほかには、フィアット・プント、メルセデス・ベンツS350ターボディーゼル、スバル・ヴィヴィオ、フォード・フィエスタ1.6の試乗記が掲載された。登場予定のクルマ特集はフィアットのBセグメント・コンパクトカー、新型レンジローバー、ジャガーXJ。

「2億リラと300km/hの両方の数字が脳をかすめる」これは1994年9月号の『クアトロルオーテ』に掲載されたテスト記事のタイトルだが、まさにこのタイトルどおりだ。このクルマを要約するとすれば——洗練されたエアロダイナミクス、生産車としては他に類を見ない技術、エンスージアスティックながら穏やかな面も備えたハンドリング、期待以上の快適な乗り心地で、これらが価格に反映されている。

「最初はおそろしいという感じを抱いた。これがパセンジャーシートに座った記者の感想だった。しかし、その恐れはほんの短い間だけだった。このクルマのことを理解したとたん、恐れはすぐに消えた。ステアリングを握る者にとっては、事はもっと簡単だ。限界に近づいてもこのクルマなら大丈夫とすぐにわかるからだ」

ボディやインテリア、テクニカル、メカニカルな話はさておき、F355のステアリングを実際に握った人間の話を聞いてみよう。

「低回転、1000rpmあたりですでに8気筒の良さが感じられた。抑えられた唸りは、リアのインテークが吸いこんだエアの、まるで呼吸するかのようなサウンドとあわさり、シンフォニーのように耳に届く。背後に詰めこまれた380psは、我が家に戻ったことをまるで直感的に感じとったかのようだ。このクルマにとって我が家とはもちろんサーキットで、バロッコ（Balocco）にあるアルファ・ロメオの、ハイスピードで知られるこのサーキット全体が、F355のために空けられていた。

最初は何も起こらなかった。6200rpmまで引っ張る。慎重に慎重に、クラッチミートを試みる。突然、F355がその姿をあらわにする。タイアの焦げた匂いとともに——」

ごくわずかな、ほんの数秒の間にギアは4速に入り、速度は200km/hに達した。ここからさらに記録的な加速が始まる。しかし、サーキットだけがこのクルマの真価を発揮する場ではない。「街中でもこのクルマを使ったし、渋滞にもでくわしたが、痛痒を感じなかった。大パワーを持っているが、これはよく躾けられていた。エアコンの効きもとてもよかった。ツイスティなルートも走ったし、ハイスピードも経験した。そしてそのすべてに合格点が与えられた。

高速道路も走った。乗り心地、特に路面状況から伝わるショックという点において採点するなら、この手のスポーツカーとしては非常に快適で、これにも驚かされた」

再びサーキットに戻ろう。F355をできるかぎり正確に——これをモットーにテストした。こういう状況ではこのクルマは本当に速いのだ。「楽しむことも充分できる。スロットルとステアリングを使ってだ。アンダーステアとオーバーステアを自在に楽しむことができるのである。というのも、必要なときに必ず"停める"ことができるからだ」

唯一の難点はステアリングにあり、160〜200km/hの間で、路面からのフィードバックを失う。

PERFORMANCES

最高速度	km/h	0—220	21.4	70—200	32.6
	294.976	停止—400m	13.4	70—220	38.0
発進加速		停止—1km	23.7	制動力（ABS）	
速度（km/h）	時間（秒）	追越加速（6速使用時）		初速（km/h）	制動距離（m）
0—60	2.6	速度（km/h）	間（秒）	60	13.5
0—100	4.8	70—80	2.5	100	37.6
0—120	6.4	70—100	7.6	120	54.2
0—140	8.4	70—120	12.9	140	73.7
0—160	10.9	70—140	18.1	160	96.3
0—180	13.8	70—160	22.8	180	121.8
0—200	17.4	70—180	27.5	200	150.4

Passione Auto • Quattroruote

F355スパイダー 1995〜1999

ただスパイダーと呼ぶだけでは不充分である、F355スパイダーの場合は——。なぜなら、ベルリネッタのオープン・バージョンではないからだ。したがって、単純にスパイダーと称するのはふさわしくない。たとえば——「魅力に溢れたグラマラスなクルマ」「パッションオート（情熱のクルマ）、ドルチェ・ヴィータ（甘い生活）を実現するフェラーリ」「コート・ダジュールのオープン・エアのなかを散歩するために用意された、ありあまる官能的なパワーと300km/hの誘惑」。すべてはパワーとスピードに集約されている、それがF355スパイダーで、それゆえスロットルペダルを踏みこむ気持ちは、なにものにも代えがたい魅力なのだ。

スパイダーはベルリネッタのデビューから1年後にその姿を現わした。ベルリネッタの技術をそのまま受け継いだことで、F355スパイダーのその速さは348スパイダーの上をいくものとなった。エンジンはベルリネッタと同じ、排気量3496cc、40バルブ（気筒あたり5バルブ）、最高出力380psの90度V型8気筒を積む。ピニンファリーナが手がけたスタイリングは、セミオートマティックで作動するソフトトップが装着されている状態ではベルリネッタとさほど違わない。下ろされたソフトトップは、外からはまったく見えず、シート後部に格納される。

入念に研究されたエアロダイナミクスは、メタルルーフがなくても変わらず、ソフトトップでも優れたエアロダイナミクスを実現している。これはグラウンド・エフェクトを発生するアンダーボディ形状がベルリネッタ、スパイダーともに共通であるからだろう。このためスパイダーでもロードホールディングは高い。

スパイダーのスタイリングを盛り立てるのはマグネシウム製のホイールだ。この軽量素材はレーシングマシーンに使われるもので、デザインは星型の5本スポークである。レースでの経験をロードゴーイングカーに反映させることが、F355ではとても重要な意味を持っていたのだ。内装にベルリネッタとの大きな差異は見られず、磨きあげられたアルミとコノリー・レザーがいつもの上質な雰囲気を醸しだしている。これらがほどよい加減で使われているのは、ピニンファリーナの腕あってこそだろう。

F355スパイダーのリアにはイタリック体でスパイダーと記されている。このピッコロ・ジュエリーにふさわしいディテールであり、クルマの性格と調和している。

F355スパイダーは1990年代終わりまで生産され、360スパイダーがその後を継いだ。

完全なるオープン
洗練された油圧電動式システムで開閉するソフトトップ。キャンバス地のトップは電動で下げてから手動でカバーに畳みこむ。作業はこれだけだ。シートの後ろに収まるため、ほかにあなたの周りを覆うものは何もなくなり、感激が待っている。

究極のテスト

1995年5月、クアトロルオーテはF355スパイダーのテストを行なったが、テスト場所に選ばれたのは特別な、とっておきのロケーションだった。スポーティ・オープンを走らせるのにこれ以上の場所はないだろう。ラリーレイドに使われるチュニジア砂漠の砂のサーキットだったのだ。詳しくは158ページをご覧いただこう。

F355スパイダー インプレッション

ビーチにて
1996年7月号の表紙を飾ったのはランチアk（カッパ）。当時の『クアトロルオーテ』の値段は8000リラ。F355スパイダーは2億2750万リラだった。ほかにはフォード・フィエスタ、ランチアY（イプシロン）、アルファ・ロメオ155、アウディA4のテスト記事を掲載している。久々のコンパクト・アウディ、A3のインプレッションは独占掲載。

　ベルリネッタと同じファミリー出身のスパイダー版をテストしても、新たに付け加えることはたいしてない。それでも読者に情報やインプレッションを伝えたい気持ちに変わりはない。F355の場合も同じことだ。そこでクアトロルオーテは、少々変わった比較テストを企画した。

　1996年7月号の『クアトロルオーテ』では、ポルシェ911タルガ、BMW M3 3.2 4ドア、そしてF355スパイダーという、ドライビング・プレジャー溢れる3台をサーキットに持ちこんだ。思いきり、なんの制限もなく走らせてみようじゃないか——もちろん最高点を獲得したのはフェラーリだった。パフォーマンスでも（計測結果は159ページ）、そして感性という面でもだ。
「このときのドライビング・インプレッションでは、驚いたことに、F355のようにスポーティで気難しさを持つクルマを運転するのは好きではないと、腰の引けたテストドライバーがいた。突如としてクルマが神経質な挙動を見せるため、つねに集中力を持ってドライブしなければならないのはごめんだ、というドライバーが……」

　つねに緊張させられるわけではなく、適度な集中力が要求されることならいとわないドライバーは幸運にも、1995年5月、チュニジアに送られたF355スパイダーの後を追うことになった。

　チュニジアといっても、アフリカの高速道路を走ろうというのではない。走るのは砂漠だ。風がデザインした砂丘のドライブなんて、このクルマにぴったりではないか。あたかも「野生動物が自分の大地を駆け回る」ように——。300km/hでサーキットを走る、もしくは0-100mを5秒で駆け抜ける、でなければ高級リゾート地の海沿いの道を流すにふさわしいクルマにとっては、砂漠だって難しくはないだろう。
「溝やくぼみのある硬いアスファルト路面からのバイブレーションにイライラさせられるのは、フェラーリのサスペンションではなく、私たちだった。都市部の渋滞、トラックだらけの道、動物までいる混沌、荷台が大荷物でユラユラするトラック、一族郎党を載せた荷台を引くのはロバだ。これらにイラつくのはF355のエンジン、ブレーキ、ステアリングより先に私たちのほうだった。なんというオドロキだ！　サーキットから離れても、F355はふつうのクルマのようにおとなしく走るではないか。石や砂利の上をなんなく走っていく。時折、地面にゴツンとやることはあるにはあるが……」

　それでも全面をカバーされたアンダーボディは、300km/hで走るクルマをグッと路面に押さえつけるばかりでなく、チュニジアの荒れた路面では最高のプロテクションとなってくれた。
「砂の上を走行中、一度だけクラッチに細かい砂が入りこんだことがあり、何メートルかクラッチが滑ったが、その後はすぐにもとに戻った」

　何度か、大パワーのすべてに、とはいわないが、パワーのお世話になる場面に出くわした。380psは砂から脱出するのにおおいなる助けとなったのだった。たいへんスバラシイことだ。
「椰子の木陰でミントティーを楽しみながら、駱駝のように黄色い、このフェラーリのことを語った。想像すらしなかったが、F355は山のようなホコリをかぶりながら、勇敢に走りきった」

PERFORMANCES

最高速度	km/h
	288.392

発進加速

速度（km/h）	時間（秒）
0—100	5.0
0—130	7.8
0—200	17.6
停止—400m	13.3
停止—1km	23.9

追越加速（6速使用時）

速度（km/h）	時間（秒）
70—130	11.7
70—200	23.8

制動力

初速（km/h）	制動距離（m）
130	61.3
200	145.1

F50 1995〜1997

伝説の値段

8億5000万リラ。高い、ものすごく高価なF50は、マラネロの50周年を記念してデビューしたフェラーリで、所有することが可能な自動車としては、もっとも魅力的な一台だろう。実際、F50は誰もが憧れるクルマとなった。デビューと同時に不朽の名作となり、250GTOやF40同様、コレクターにとってはどうしてもガレージに収めなければならない一台となった。F50はまさにフェラーリの神話をそのまま映しだしている。エクスクルーシヴ、モダーン、さらにかつてチャンピオンとして活躍したレーシングマシーンの魅力をすべて持ちあわせていた。ノーズは短く、キャビンはフロントに押しだされた、エアロダイナミクスを誇るスタイリングはシンプルだ。

テーマが明快だと、くどくど言葉を並べる必要がない。長ったらしい説明も要らない。なぜなら存在がすべてを語るからだ。F50の場合がまさにそうで、「50周年記念のフェラーリ」だけで済む。フェラーリ社の創設50周年を記念して製作されたF50は、マラネロにとって、F40に続く2台目のセレブレーション・モデルとなる。半世紀（1947〜1997）にわたるフェラーリの歴史を、1995年に技術や生産力を含めた集大成として形にしたのが、このニュー・フェラーリである。F50は時代の象徴となる自動車であり、フェラーリの基準点であり、四輪とエンジンを持ったオブジェであり、"パフォーマンス"の芸術品であり——まさにため息のフェラーリだった。

1995年3月のジュネーヴ・ショーで発表されたF50は、F40の後継モデルであり、エンツォに引き継がれるニュー・スーパースポーツである。フェラーリの代表作、飛び抜けて速く、おそろしく派手で、ほかのスーパーカーとは違うんだと全身で表現するウルトラ・スポーツカー三部作の2作目となる。これまでもフェラーリではよくみられたことだが、このクルマもまたレースと強い血縁関係を持つものだ。まだレーシングマシーンと生産車の境界線が曖昧だった1950年代の伝統を蘇らせたかのように、F50の成り立ちはレーシングマシーンと強く結びついている。エンジン、シャシー、サスペンションのコンセプトはいずれも、1994年のフォーミュ

Passione Auto • **Quattroruote** 161

テクニカルデータ
F50(1995)

【エンジン】＊形式：65度V型12気筒／縦置き ＊総排気量：4698cc ＊ボア×ストローク：85.0×69.0mm ＊最高出力：520ps/8500rpm ＊最大トルク：471Nm/6500rpm ＊圧縮比：10.6：1 ＊タイミングシステム：DOHC／5バルブ／チェーン駆動 ＊燃料供給：電子制御インジェクション ボッシュ・モトロニックM2.7／触媒

【駆動系統】＊駆動方式：RWD ＊変速機：6段 ＊クラッチ：乾式複板／45％LSD ＊タイア：(前)245/35R18 (後)335/30R18

【シャシー／ボディ】＊形式：カーボンファイバー・モノコック・シャシー＋コンポジットボディ／2ドア・クーペまたはタルガ ＊乗車定員：2名 ＊サスペンション：(前)独立 不等長ダブルウィッシュボーン／コイル，電子制御可変テレスコピック・ダンパー，スタビライザー (後)独立 不等長ダブルウィッシュボーン／コイル，電子制御可変テレスコピック・ダンパー，スタビライザー ＊ブレーキ：ベンチレーテッド・ディスク ＊ステアリング：ラックピニオン

【寸法／重量】＊ホイールベース：2580mm ＊トレッド：(前)1620mm (後)1602mm ＊全長×全幅×全高：4480×1986×1120mm ＊車重：1230kg

【性能】＊最高速度：325km/h ＊0-100km/h加速：3.8秒

閉める？ それとも開けておく？

ベルリネッタと、ルーフ着脱式のスパイダーの2タイプに変身できるF50は、オープン・エアを吸いこむ、もしくはエンジン熱を吐きだすために、ボディ各所に"切り込み"が入れられているが、これがその姿をますますアグレッシヴなものとしている。熱気を放出するエンジンはミドに縦置きされている。

ラカー（412T1)、1994年から98年までのセブリング12時間耐久レースやデイトナ24時間耐久レースをはじめ、アメリカのIMSAカテゴリーを含む多くのレースを制覇した333SP（スポーツ・プロトタイプ）に多くの要素が共通する。

ピニンファリーナがデザインしたスタイリングは、このクルマのポイントである高性能をアピールすることに終始している。リアのエンジンフードが広くて長いのは、エンジンがミドに縦置きされているためである。フロントフードのタイアハウス部分が盛り上がっているのも注目するところだ。サイドから見るとF50はくさび形で、コクピットがそそり立っている。ノーズは地面を擦るあたりまで低く下りてきてお

り、そこからサイド、そしてテールに向けて一気に反り上がっている。最後を締めるのは大きなウィングで、一般道でもサーキットでも車体を路面に密着させる重要な役割を果たす。もちろんF40と同じようにF50のウィングも機能ばかりを重視したわけではなく、デザインのうえでも大切なポイントとなっている。仮に機能的には必要なかったとしても、スーパースポーツを自負する以上、こういうウィングは欠かせないものだろう。

ボディはルーフが脱着式のタルガだが、ハードトップを装着してベルリネッタに変身させることもできる。オープンにするとフレッシュエアを楽しめ、サイドウィンドーを下ろして走ると、フロントフードのエアアウトレットからの熱気に息を詰めることになる。アウトレットといえば、マスクもサイドもスリットだらけだ。これらによってアグレッシヴな印象が強まった。ホイールは装飾された5本スポークの星型で、センターには黄色地に黒のカヴァリーノ・ランパンテが映える。クラシックなフェラーリのシンボルはフロントフードにも装着されているが、F50ではノーズの横長グリルの中央にクロームのカヴァリーノ・ランパンテが飾られ、輝きを放つ。ウィンドシールドはかなり傾斜しており、テールの下部分は、トラクション向上のためディフューザーが設置された。

内装は丹念に仕上げられ、精巧な作りが際立つが、全体の雰囲気はレーシングマシーンそのものだ。ペダルはドライバーのポジションにあわせて調節することができる。素材はもちろんアルミニウムだ。シート（スタンダードとラージの2タイプが用意される）にはコンポジット素材が使われており、それをコノリー・レザーとファブリックがきれいにカバーする。スピードメーターは360km/hまで刻まれ、パワーステアリングもロールバーもない。シートベルトはドライバーズ・シートに4点式が採用された。エアコンは標準装備だ。F50のステアリングを握ってみると、それだけで気分はもうレース・パイロットだ。ドライビング・ポジションはスポーツ・カテゴリーのレーシングマシーンそのもので、足はフロントホイールのすぐ後ろにくる。

フェラーリとしては初めて、カーボン・コンポジット製のセンター・モノコックが採用され

カヴァッロ（馬力）とカヴァリーノ
マグネシウム製のホイールは18インチの星型5本スポーク。センターナットで留められているが、そこに見えるのは黄色地に黒で描かれているカヴァリーノ・ランパンテ。フロントフードにも同じものが見える。リアに装着されたクロームのカヴァリーノは大きいタイプ。左の写真は520psのパワーを爆発させる瞬間のF50。リアタイアが巻き上げるスモークがパワーを見せつける。

Passione Auto • Quattroruote 163

誰もが
レーシング・パイロット

ほぼ直立したF50のステアリングホイールを自分のものにするには、地面からシート（バケットタイプ、軽量、そして快適）の端まで30cmのサイドシルをヨイショと跨がなければならない。シフトレバーはあるべきところにあり、ペダルはF1そのもののデザインである。

たが（その結果、単体重量はわずか102kgに抑えられた）、これはカーボンファイバーにノーメックス・ハニカムを挟んだものだ。振動防止のため、エポキシ・レジンがリアバルクヘッド周辺に注入されている。航空技術に端を発する燃料タンクは、事故の際の爆発を防ぐために、ゴムでコーティングした生地が使用された。これもレーシングマシーンからの技術転用だ。

エンジンとトランスミッション・エレメント（ギアボックスとディファレンシャル）は、頑丈なモノコックにサブフレームやラバーブッシュの仲介なしに、ダイレクトにマウントされている。これはフェラーリ・ロードカーの歴史上、初めてのことである。サスペンションはF1と同様のプッシュロッド式で、電子制御アダプティブ・ダンパーが採用されている。ステアリング角や車速などの情報をもとに、ダンピングレートを変更する仕組みだ。これによってタイヤとアスファルト間のグリップが最高の状態に保たれるというわけである。

F50が搭載するエンジンは、まさにこのクルマ1台きりのものである。他に類を見ないメカニズムといえる。排気量は4.7ℓで、挟み角は65度のV型12気筒である。また、軽量化戦争に打ち勝つため、アルミニウムが多用されている。198kgというエンジン単体重量は、まさしく記録的な軽さといえるだろう。エンジンブロックは鋳鉄製、ピストンは鍛造アルミで、シリンダ

ーライナーともどもニカシルメッキされ、コネクティングロッドはチタン製だ。潤滑システムはドライサンプ方式を採用する。左右のバンクにそれぞれ2本のカムシャフトがあり、気筒あたり5バルブだが、吸気側3、排気側2の5バルブヘッドはF355と同じである。F355と異なるのは1ℓあたりの出力で、111ps/ℓとF50が上をいく（F355は1ℓあたり109ps）。また、吸気／排気バルブの開閉タイミングを適切に調節する可変バルブタイミング機構が採用されたことで、ピークパワーを失うことなく、低回転時のトルクを獲得した。最高出力は520psで、F40より42ps向上したことになる。ギアボックスは6段のマニュアルで、センターコンソール上にシフトゲートが切られ、そこに細いレバーと丸いシフトノブが見える。もちろんLSDも装着されている。排ガス対策に関しては、アメリカ連邦規制の厳しい範囲内に無事おさめられた。

パフォーマンスはスーパー・スポーティのひとことに尽きる。これはシャシーがカーボン製であることと無縁ではない。このシャシーの品質は非常に高く、高剛性に仕上がっている。これによってハイスピード時でも安心してドライブすることができるのだ。

2座のシートはレーシングマシーンよろしく、カーボンコンポジット・モノコックのなかにすっぽり収まり、その"バスタブ"に直接フロントサスペンションが取り付けられ、リアにはエンジン・トランスミッション・グループも接合される。

重量配分は42：58と、ほぼ理想的な配分になっている。サスペンションはレーシングマシーンのもので、前後ともダブルウィッシュボーン・プッシュロッド／コイル、電子制御ダンパー付きだ。フロントのトレッドはリアよりわずかに広く、これが安全かつコントローラブルで、限界時のアンダーステア傾向を保証する。合計で349台生産されたF50のうち、イタリアのディーラーが販売したのは50台だった。最後のF50がマラネロをあとにしたのは1997年7月、フェラーリにとってはレース初勝利（1947年5月）からちょうど50年後のことだった。

オープンするのに30分
タルガ・バージョンのルーフを外すには、3ヵ所のフックを解除し、2本のロールバー（8ヵ所がボルトで固定されている）を外さなければならない。作業自体はわりに簡単で、所要時間30分というところだろう。

550マラネロ 1996〜2001

真髄
新しいGTは、フェラーリのすべてを語る重要な名前が付けられたモデルだ。フェラーリが生まれた場所、伝説が生まれた場所、世界でもっとも美しいクルマが生まれた場所の名前が与えられているのだ。その名もマラネロ──。
下:大きなリアウィンドーのおかげで車内は明るい。シートのすぐ後ろのスペースには、荷物の固定用に革のストラップが2本用意されている。

考えてみると、2シーターのグラントゥリズモ・フェラーリが、1973年以降存在していなかったという事実は意外だった。このタイプの最終モデルは365GTB/4デイトナだったのだ。真のピュア・フェラーリ、デイトナがリタイアしたのは1973年のことだった。

時が流れ現われた、12気筒エンジンをフロントに置くまっとうなフェラーリは、その名を550マラネロという。デザインはピニンファリーナの手による。純粋なスポーツカーだが、決して過激というわけではない。なぜならフェラーリはすでに究極のスポーツカーの限定生産シリーズ（F40、F50、そして後にエンツォ）を持っていた。1990年代以降のフェラーリに求められたのは、その性能はむろんのこと、信頼性と日常的に使えることだった。つまり、メカニックのところに出向くのはオイル交換くらいというレベルの仕上がりが求められていたのだ。

ニュー・グラントゥリズモは1996年にデビューした。デイトナが舞台を降りてから23年、そして、マラネロにある小さな自動車メーカー、フェラーリの歴史そのものともいえる、V型12気筒エンジンの研究と開発を始めてから半世紀近い時間が経っていた。550マラネロのデザインにはひとめでわかるファミリー・フィーリングがある。フォルムは紛れもなくフェラーリで、250GTOに似ているようでもあり、275GTBを彷彿させるようでもある、そんなスタイリングだ。

ロングノーズで、キャビンはぐっと低くコンパクトだ。ショートデッキのテールは、ばさっと潔く切り落とされている。長く低いエンジンフードには強い傾斜がつけられた。アスファルトに届きそうな大きな口はまるで笑っているかのようだ。ブレーキを冷却する両サイドとエンジンフード上のエアインテークが、その笑い顔に引き締まった鋭い表情を与え、クルマ全体にスポーティな雰囲気をも与えている。ウィンドシールドにも強い傾斜がついており、ルーフに向かって伸びている。ヘッドライトはエンジンフードとフェンダーの間に組みこまれるが、これはF512Mと同じ手法だ。サイドビューはフロントタイア後方のスリットが特徴となっている

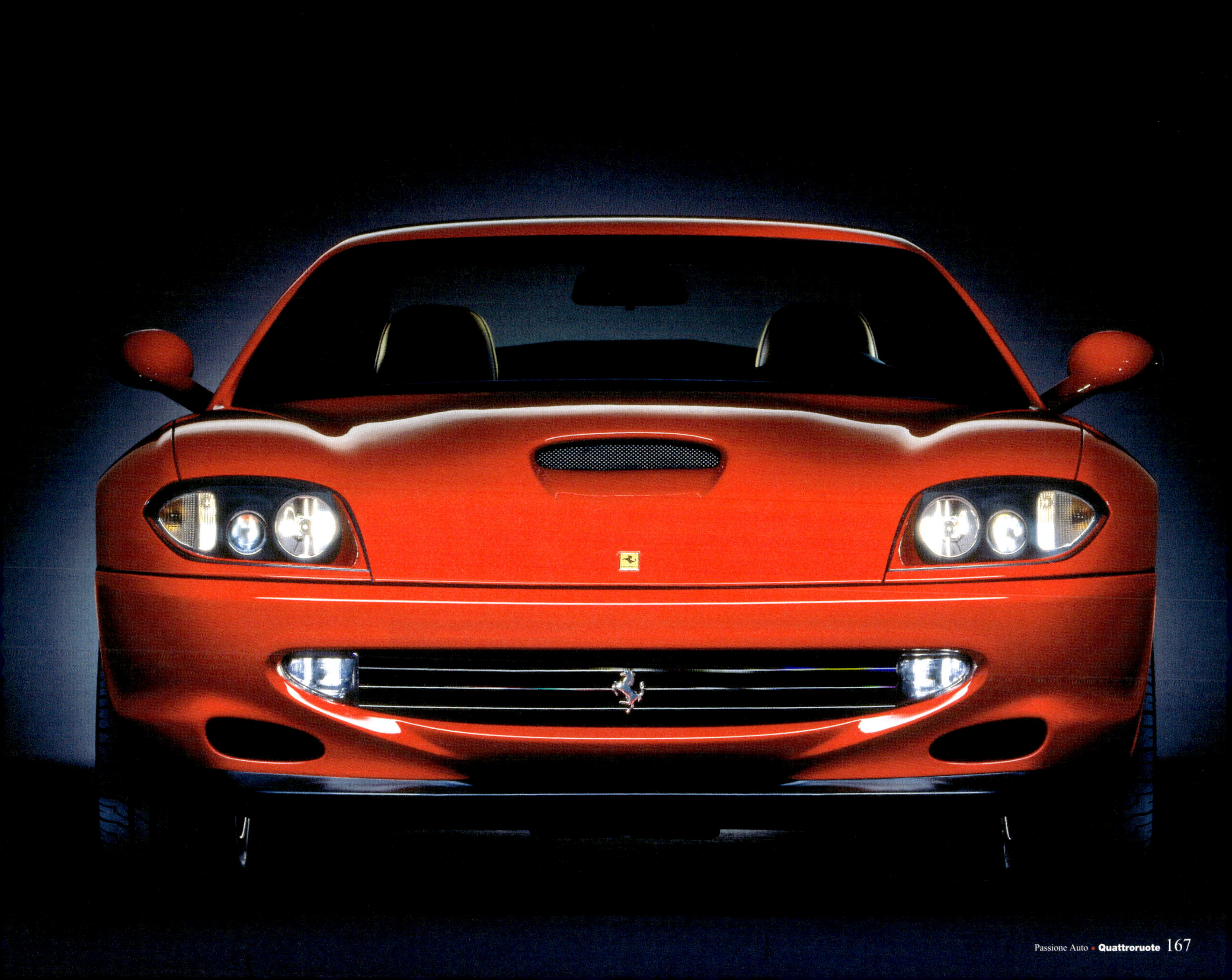

テクニカルデータ
550マラネロ（1996）

【エンジン】＊形式：65度V型12気筒／縦置き ＊総排気量：5474cc ＊ボア×ストローク：88.0×75.0mm ＊最高出力：485ps/7000rpm ＊最大トルク：569Nm/5000rpm ＊圧縮比：10.8：1 ＊タイミングシステム：4バルブ／DOHC／ベルト駆動 ＊燃料供給：電子制御インジェクション ボッシュ・モトロニックM5.2／触媒

【駆動系統】＊駆動方式：RWD ＊変速機：6段／トランスアクスル ＊クラッチ：乾式単板／LSD ＊タイヤ：(前) 255/40R18 (後) 295/35R18

【シャシー／ボディ】＊形式：鋼管スペースフレーム＋アルミボディ／2ドア・クーペ ＊乗車定員：2名 ＊サスペンション：(前) 独立 ダブルウィッシュボーン／コイル、電子制御可変テレスコピック・ダンパー、スタビライザー (後) 独立 ダブルウィッシュボーン／コイル、電子制御可変テレスコピック・ダンパー ＊ブレーキ：ベンチレーテッド・ディスク／ABS ASR ＊ステアリング：ラックピニオン（パワーアシスト）

【寸法／重量】＊ホイールベース：2500mm ＊トレッド：(前) 1632mm (後) 1586mm ＊全長×全幅×全高：4550×1935×1277mm ＊車重：1690kg

【性能】＊最高速度：320km/h ＊0－100km/h加速：4.4秒

が、これはタイヤとブレーキの熱を逃がすためのもので、250GTOを思わせる。

テールも仕上がりは上々、スポーツカーの定番ともいえるコーダ・トロンカで、4つのテールライトがすっきりと並び、1970年代の美しいフェラーリを思い出させる。その下で4本のエグゾーストパイプが吠えるのだ。トランクはかなり狭く、最小限しかないといえるだろう。広々としたリアウィンドーは全体とバランスよく調和している。美しいと同時に機能的にも優秀なダックテール状のスポイラーは、空力特性を高めるためうえで欠かせないものだが、ここ

バランスがいい
エンジンはフロントに、LSD内蔵のギアボックスはリアに。これによって重量バランスが理想的になった。フロント52％、リア48％である。

にもフェラーリのロゴが配された。その下にはクロームのカヴァリーノ・ランパンテが控える。

上から眺めると、550マラネロのラインは曲線で構成されているのがわかる。前後ホイール付近でグッと太り、真ん中のキャビンでキュッと締まるグラマラスなボディだ。これは、レーシングマシーンのように、空力を考えてデザインされたためだろう。ホイールは18インチの低圧鋳造マグネシウム製で、タイヤは超扁平かつ太く、リアタイアにいたっては30cm近い幅だ。

550マラネロのフォルムは、4800時間にわたる風洞実験の結果、導きだされたものだ。ボディ下、リア・ディフューザーはウィングと同様の働きをする。アンダーボディパネルは車体の下を通るエアフローを乱すことなく、適切なダウンフォースを得られるデザインで、その結果、Cd値はまさに記録的な数字、0.33となったのだ。

むろんエアロダイナミクスも重要だが、マラネロ製スポーツカーはエンジン抜きには語れない。単体重量わずか235kgのV12には究極の改良が施された。排気量5.5ℓ、最高出力485psだが、トルクは低回転からウルトラスムーズだ。コンロッドはチタン製、ピストンはアルミ製、ヘッドとオイルパンは軽合金製である。潤滑システムはドライサンプ方式を採った。気筒あたり4バルブのヘッドには、自社開発の可変マニフォールド・システムが採用されているが、これぞ自動車技術のアートと呼ぶにふさわしい。

ギアボックスは6段MTで、LSD内蔵のトランスアクスルにしたことで荷重配分が適切化された。2.5mと短いホイールベースのシャシーは、センター・モノコックと鋼管サブフレームで高い剛性を誇る。サスペンションはアルミとマグネシウム製で、前後にスタビライザーを備える。

その圧倒的なパワーにもかかわらず、550マラネロが決して扱いにくくないのは、"ノーマル"と"スポーツ"の2モードをセレクトできるASRトラクションコントロールの恩恵だろう。このシステムがさまざまな状況に応じて動きを制御し、つねに安定した状態にクルマを保ってくれるのだ。ノーマル・モードはブレーキとエンジントルクを制御してホイールスピンを抑え、スポーツ・モードはブレーキとエンジントルクの両方、もしくはブレーキだけを制御する。

2002年、550マラネロは575Mマラネロへと進化する。

レースへのオマージュ

2001年、550バルケッタ・ピニンファリーナが登場。448台の限定生産車である。サイドにセルジオ・ピニンファリーナのサイン、その下にシリアルナンバーが刻まれた。オープンボディのシートの後ろには、派手なロールバーがふたつ装着され、ベルリネッタに比べるとウィンドシールドは1cm低くなった(車重は変わらない)。シートはレーシング・タイプで、リクエストすれば4点式シートベルトを装着することができた。性能はシリーズ生産車と同じ。

550マラネロ インプレッション

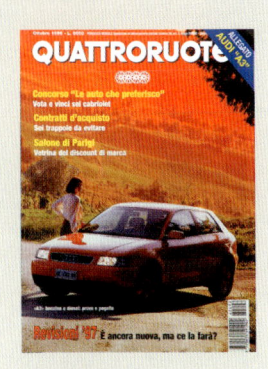

A3一色

1996年10月号、当時の『クアトロルオーテ』の値段は8000リラ、550マラネロは3億2500万リラ。雑誌の表紙は、デビューしたばかりのA3で飾られた。フェラーリは"偉大なる"過去との比較テストに挑戦した。この号ではパリ・サロン特集、また購入契約に関するリポートのほか、「好きなクルマ」のアンケートが行なわれている。

　神聖なるモンスターと挑戦者、F512Mと550マラネロを隔てるものは、2年の歳月が生みだした進歩、それも高レベルの技術革新だ。ドライビングにおいて、性能において、この2年はどんなレベルの変化を生みだしたのか——非常に大きな変化だ、とフェラーリはいう。新時代のフェラーリは俊敏で信頼性が高く、おまけに扱いやすいという彼らの主張を、クアトロルオーテは自らの手で確かめようと考えた。もちろんテストを行なうのはヴァイラーノのサーキットだ。ここで2台の"歴史に残る"プロジェクトを、高度な測定機器を使って分析することにした。この、挑戦ストーリーの判決が掲載されたのは、1996年10月号だった。

　戦いは互角だった。あえて挙げるなら、勝者は設計者の目的をフルに達成できた550マラネロということになるだろうか。ドライビングは快適なうえに、より速かったのがこのニューカマーだった。居住空間が広いのもこのフェラーリだし、なにより格段に扱いやすくなっている。シャシーとエンジンのバランスの良さによるものだろう。なんといってもニュージェネレーションには電子制御が満載されている。最適なダンピングレートは電子制御システムが選びだしてくれるし、ステアリングにもブレーキにも、サーボトロニックが備わっている。

　しかし、このフェラーリにとって一番の新しさは、なんといっても効率的な荷重配分だろう。「結果的には、550マラネロはF512Mよりずっと速く、とてつもなく速い(320km/h)フェラーリということができるが、550マラネロがF512Mより速いのはコーナーだけではない。ストレートでも速いのだ。たとえば、ハンドリングテスト・コースにおけるコーナリング時の最大横Gは、F512Mの1.00Gに対して550マラネロは1.04Gだった」

　550マラネロはどんな状況でも扱いやすいフェラーリだ。トラクションコントロールASRをオンにしておけばなおさらである。

　絶対性能でも550マラネロが上をいった(計測結果は171ページ)。2台を比較するために設定されたテストのレベルは非常に高いものだったが、このクルマたちにとっては、難なくクリアできるレベルだった。

　リアヘビーなF512Mは、加速テストでは最初の数メートル、550マラネロの前を行った。スラロームでもF512Mがわずかながら速かったが、これはF512Mが"フラット"で重心が低いため、回転モーメントの発生に違いが出たからだろう。最終的に550マラネロのほうが、他のスピードテストでは速かった。なかでも最大横G=1.04Gという数字は、これまでクアトロルオーテがサーキットでテストしたフロントエンジンのクルマで、もっとも高い記録だった。

PERFORMANCES

	550	F512M
最高速度		km/h
	318.538*	314.980**
発進加速		
速度（km/h）		時間（秒）
0—100	5.1	4.6
0—200	15.8	14.5
停止—400m	13.1	12.4
停止—1km	23.2	22.4
追越加速		
速度（km/h）		時間（秒）
70—130	10.6*	11.7**
70—200	23.6*	26.1**
制動力（ABS）		
初速（km/h）		制動距離（m）
100	34.2	34.9
200	136.9	147.5

*6速使用時　**5速使用時

355F1 ベルリネッタ／スパイダー 1997〜1999

フォーミュラ1
ニューF355は、F1マシーンに搭載されたギアボックスに多少手を加えたものが採用された。外見上の違いはF1という文字だけだ。

1997年、ついにその時がきた。レースの世界を変えた新しい技術、特にドライバーがダイレクトに触れることができる技術、1980年代にフェラーリがF1に持ちこんだセミオートマティック・システムといわれていたテクノロジーを、フェラーリのロードゴーイングカーに搭載する時が、ついにやってきたのだ。

最初にこのシステムが採用されたのはタイプ640、またの名をF1-89といい、イギリス人エンジニア、ジョン・バーナード（John Barnard）が設計したものだった。ナイジェル・マンセル（Nigel Mansell／彼もまたイギリス人）がステアリングを握り、1989年のブラジル・グランプリでデビューを飾り、そして勝者となった。

実際のところ、セミオートマティックの採用は、フェラーリにとってはまったく初めてというわけではなかった。1979年にジル・ヴィルヌーヴ（Gilles Villeneuve）がステアリングを握った312T4に試験的にセミオートマティック・トランスミッションが搭載されていたことがある。ドライバーはステアリングホイール上のボタンでシフトを行なうものだったが（ひとつはシフトアップ用、もうひとつはシフトダウン用）、この時点では技術的にはあまりに未熟で、信頼性に乏しかったために、このメカニズムが陽の目を見ることはなかった。

1989年、技術が熟成したことで成果を上げた。F1-89のギアボックスはかつての油圧制御システムに最新の電子技術を盛りこむことで、セミオートマティックとして華やかなデビューを飾ることになったのである。パドルはステアリングコラムに用意されているため、シフトチェンジのたびにパイロットがステアリングから手を

控えめ
セミオートマティックの操作は、ステアリングホイール後方のふたつのパドルで行なう。右側のパドル（写真に見えるもの）はシフトアップ、左側はシフトダウンに使う。このエレガントなキャビンに、すんなり調和するよう考えられたデザインだ。

新しい配列

初めて355F1のコクピットに収まった者は誰でも一瞬、混乱に陥る。見慣れた風景がそこにはないためだろう。セミオートマティックはふたつの"パドル"を使って操作する(上左)。センターコンソールには、バックするときだけ使用する小さなレバーが控えるが、周りにはさまざまなドライビング・プログラムにあわせるスイッチ類が並ぶ(上右)。いくら探したところでクラッチペダルは見当たらない(下)。シフトチェンジのパドルを操作する際には、スロットルペダルから足を離す。あとは電子制御システムがすべてを考えてくれるのだ。175ページはリトラクタブル・ヘッドライト周りのフロントノーズの写真。

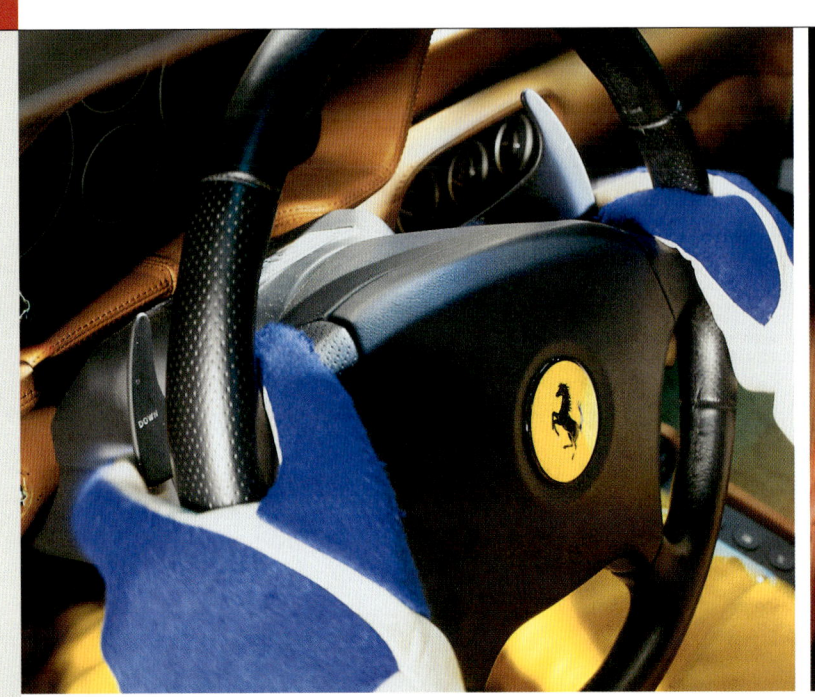

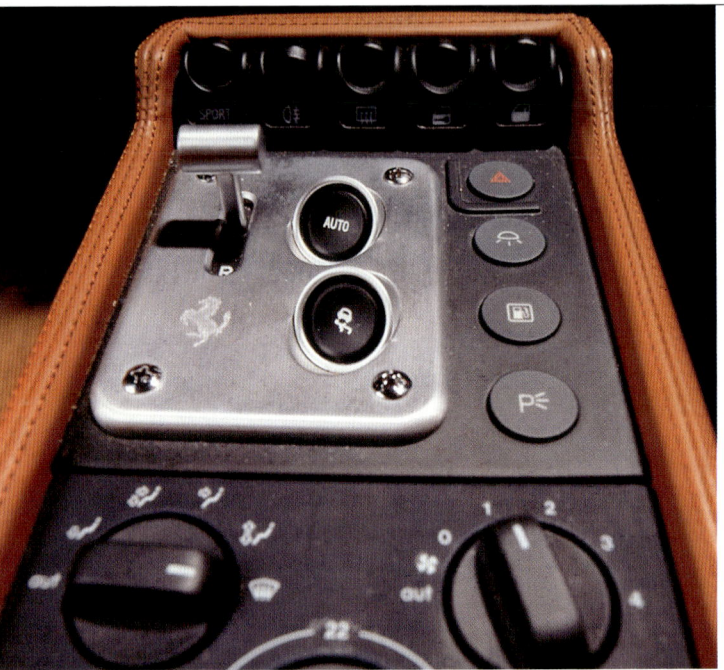

離す必要はない。これによって正確なドライビングに集中できることもメリットだが、なによりシフトチェンジに要する時間を節約できることが大きい。その後、すべてのF1チームがこのセミオートマティックを採用し、1990年代にはF1マシーンの標準装備となった。

1995年、フェラーリはこのテクノロジーの生みの親であることの強みを活かし、レース参戦をめざしたロードカーにもセミオートマティックを搭載した。そのクルマはF355コンペティツィオーネで、GTチャンピオンシップ用に誕生したフェラーリである。クラッチペダルが外され、油圧アクチュエーターがソレノイドバルブを作動させてシフトを行なう仕組みだ。

2年後の1997年、F355コンペティツィオーネのロードゴーイング・モデルがデビューする。少なくともギアボックスについては、「コンペティツィオーネのロード・バージョン」と定義してよいだろう。それが355F1シリーズである。この手のギアボックスの搭載は世界初だった。レース経験を活かして生まれたこのクルマは、名前がキャラクターを正確に物語っている。ミハエル・シューマッハー（Michael Schumachar）が乗る700psのF1マシーン、F310Bと同じく、ステアリングホイール後方のふたつのパドルでギアチェンジする。通常のフルオートマティックとしてドライブすることも可能だ。

外見上はF355のマニュアル・バージョンと変わらない。2座シートの後方に配置されたエンジンは、排気量3496ccの90度V型8気筒で、最高出力380psを発する。パフォーマンスも通常のF355と同じだが、ドライビング・プレジャーは高まっている。これはまさにニュー・テクノロジーによってもたらされた"レース・パイロット気分"が得られるためだろう。ツイスティなサーキットでは、355F1より通常のマニュアル・バージョンのほうが若干速い。そういう意味では、実質的に唯一の違いは、シートに腰掛けてステアリングホイールの向こうにパドルがあるかないかだけということになる。センターコンソール上のシフトノブは非常に小さいタイプのものに変わっているが、これを操作するのはバックするときだけだ。

1999年、F355、355F1ともに生産が終了する。後を継いだのは360モデナだった。

テクニカルデータ
355F1（1997）

【エンジン】＊形式：90度V型8気筒／縦置き ＊総排気量：3496cc ＊ボア×ストローク：85.0×77.0mm ＊最高出力：380ps／8250rpm ＊最大トルク：360Nm／6000rpm ＊圧縮比：11.0：1 ＊タイミングシステム：DOHC／5バルブ／ベルト駆動 ＊燃料供給：電子制御インジェクション ボッシュ・モトロニックM5.2／触媒

【駆動系統】＊駆動方式：RWD ＊変速機：6段シーケンシャル・セミオートマティック ＊クラッチ：乾式単板／LSD ＊タイア：(前)225/40R18 (後)265/40R18

【シャシー／ボディ】＊形式：鋼管サブフレーム＋スチール＆アルミ・モノコックボディ／2ドア・クーペ ＊乗車定員：2名 ＊サスペンション：(前)独立 ダブルウィッシュボーン／コイル，電子制御可変テレスコピック・ダンパー，スタビライザー (後)独立 ダブルウィッシュボーン／コイル，電子制御可変テレスコピック・ダンパー，スタビライザー ＊ブレーキ：ベンチレーテッド・ディスク／ABS ＊ステアリング・ラックピニオン（パワーアシスト）

【寸法／重量】＊ホイールベース：2450mm ＊トレッド：(前)1514mm (後)1615mm ＊全長×全幅×全高：4250×1944×1170mm ＊車重：1350kg

【性能】＊最高速度：295km/h ＊0－100km/h加速：4.7秒

355F1 インプレッション

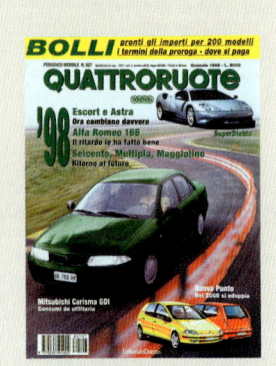

2台のテスト

クアトロルオーテは2バージョンの355F1のテストを行なった。ベルリネッタ（177ページ）のテストは、1998年1月にヴァイラーノ・サーキットで行なわれ（このときの表紙が上の写真）、スパイダーはこの年の8月、タルガ・フローリオの舞台であるマドニエの名門サーキットで行なわれた（右）。どちらもポルシェ911カレラとの比較テストだった。

380psを有するフェラーリをマニュアルで運転するには、それなりのテクニックが必要だ。F1のギアボックスを搭載したフェラーリをドライブするのは、それとは反対に、ほとんど本能的にでき、街中でも痛痒は感じられない。

1998年1月号に掲載されたクアトロルオーテの355F1のテストは、こんなふうに始まる。テストは一般道からスタートした。

「エンジンが信号でストールしてしまった。なんてことだ。充分にエンジンを暖めなかったためだ……。こんなことは遠い昔の思い出だ。現在では暖機せずにすぐにスタートでき、望めば雷のごとく飛びだしていくことだってできるのだ」

最初はブレーキを踏みながら右側のパドルを操作する。車体が振動することもなく、エンジン回転も変わらない。出足の加速は緩やかでスムーズ、街中に出かけるにふさわしい出発となった。

「スロットルオンのまま、右手で2速にシフトアップする。そして3速へ。反対にシフトダウンには左手を使う。まちがう心配はない」

「"スポーツ"を選ぶと、ドライビング・アシスタントを務めるコンピューターが働き、シフトスピードが短縮され、同時に足回りのダンピングが強化される。大切なのは、前方が開け、誰もおらず、遮るものがない状況であることをよく確かめておくこと。でないと大変なことになる」

クアトロルオーテのヴァイラーノ・サーキットに場所を移して、ハンドリングをテストした。355F1を計測するストップウォッチの針が、1分24秒077でピタリと止まった。平均時速は109.6km/h。強みはコーナー出口での鋭い加速だ。

いっぽう、もう1台の355F1スパイダーは別のドライバーの手に渡され、まったく別の場所でテストされた。1965年のタルガ・フローリオでロレンツォ・バンディーニ（Lorenzo Bandini）と組んでフェラーリ275P2を駆り優勝した、ニーノ・ヴァッカレラ（Nino Vaccarella）に託され、伝説のマドニエ（Madonie）・サーキットを走ることになったのである。

PERFORMANCES

	クーペ	スパイダー
最高速度		km/h
	294.750	289.562
発進加速		
速度 (km/h)		時間 (秒)
0—60	2.5	2.5
0—80	3.7	3.7
0—100	5.0	5.0
0—120	6.8	6.8
0—130	7.7	7.7
0—150	9.9	——
0—160	——	11.1
0—200	17.3	17.5
0—220	——	22.0
0—230	23.7	——
停止—400m	13.1	13.2
停止—1km	23.6	23.8
追越加速 (6速使用時)		
速度 (km/h)		時間 (秒)
70—100	6.8	7.5
70—120	11.3	12.3
70—130	13.5	15.2
70—160	——	22.0
70—170	21.7	——
70—200	28.5	31.8
70—210	31.0	
制動力		
初速 (km/h)		制動距離 (m)
60	13.0	13.1
80	23.1	
100	36.1	36.3
140	70.7	70.9
200	144.3	145.6

Passione Auto · Quattroruote 177

456M GT／GTA 1998〜2003

エヴォリューション
456Mは456GTの最終モデルで、性能と快適性が上がった。たとえばフロントシート（179ページ）はより大ぶりになっている。デビュー当時の価格は、GTが3億7700万リラ、オートマティックバージョンのGTAが3億9100万リラだった。

1990年代はフェラーリが"モディフィケート"モデルを好んだ時代だった。F512Mに続いて、456GTを改良した456Mがデビューを飾る。456GTは1992年から97年まで生産された、モダーンで高性能な2+2であると同時に、ロングドライブでも快適さが売りのフェラーリだった。

その発展系の456Mに搭載されたエンジンは前モデルと同じユニットで、出力は442psである。性能も同じなら、6段MT（GT）、もしくは4段AT（GTA）のいずれかを選択することができるのも同じだった。ZF製のギアボックスはLSDともども後方に配置されている。ギアボックスによるパフォーマンスの違いはわずかだが（最高速度は、オートマティックの298km/hに対してマニュアルは300km/h。0-100km/h加速は、オートマティックの5.5秒に対してマニュアルは5.2秒）、456M GTA（A：オートマティックを意味する）はより快適な旅を約束する。

車重はGTの1690kgに対してGTAは1770kgと、その違いはこれもまたわずかで、それゆえコーナリング性能もGTAがGTに劣るようなことはない。

456Mの新しさとしては、エンジンとトランスアクスル・ギアボックスを繋ぐトルクチューブと、トランスアクスルを支えるリアサスペンション・サブフレームが強化された点を挙げることができる。ギアボックスは油圧サポートを介して装着されており、これにより乗り心地が高められている。また、プラグの点火順序が変わったことで出力特性が一層スムーズになり、静粛性を増した。

ボディワークにも手が加えられており、デザインを担当したピニンファリーナは、カーボンファイバー製のエンジンフードの形状を変更したほか、格子状のグリルもモディファイした。また、エンジンの冷却効果をさらに高めるため、ラジエターグリルが装着された。ブレーキを冷却するエアインテークもより大きなタイプに変更されている。アンダーボディとリアスポイラーの形状が変わったのはダウンフォースを増加させるためで、フロント・オーバーハングを長くしたのも空力特性向上のためだ。フロントサスペンションはアンチダイブ・ジオメトリーが強化され、内装にも手が加えられた。

差別化を求めるクライアントの要求に応え、フェラーリは「プログラム・スカリエッティ」

Passione Auto · **Quattroruote** 179

テクニカルデータ
456M GTA（1998）

【エンジン】＊形式：65度V型12気筒／縦置き ＊総排気量：5474cc ＊ボア×ストローク：88.0×75.0mm ＊最高出力：442ps/6250rpm ＊最大トルク：550Nm/4500rpm ＊圧縮比：10.6：1 ＊タイミングシステム：DOHC／4バルブ／ベルト駆動 ＊燃料供給：電子制御インジェクション／触媒

【駆動系統】＊駆動方式：RWD ＊変速機：4段自動／トランスアクスル LSD ＊タイア：(前)255/45 R17 (後)285/40R17

【シャシー／ボディ】＊形式：鋼管スペースフレーム＋アルミボディ／2ドア・クーペ ＊乗車定員：4名(2＋2) ＊サスペンション：(前)独立 ダブルウィッシュボーン／コイル, 電子制御可変テレスコピック・ダンパー, スタビライザー (後)独立 ダブルウィッシュボーン／コイル, 電子制御可変テレスコピック・ダンパー、オートレベライザー ＊ブレーキ：ベンチレーテッド・ディスク／ABS ASR ＊ステアリング：ラックピニオン(パワーアシスト)

【寸法／重量】＊ホイールベース：2600mm ＊トレッド：(前)1585mm (後)1606mm ＊全長×全幅×全高：4763×1920×1300mm ＊車重：1770kg

【性能】＊最高速度：298km/h ＊0－100km/h加速：5.5秒

を用意した。これは456Mを自分の好みに仕立てあげるパックで、ボディカラーをカタログに並ぶ色以外からも好きに選ぶことができるほか、ブレーキキャリパーをボディ同色にペイントしたり、フェンダーにフェラーリのスクデット(フェラーリの盾)を入れたり、デイトナ・デザインのシート選び、コノリー・レザーやポルトローナ・フラウ・レザーのステッチにコントラスト・カラーを選ぶことができる。

2003年456Mはリタイアし、年金生活へと移った。代わって登場したのが612スカリエッティである。さらに快適になり、2＋2シーター、GTスポーツカーとしての性能がいっそう高まった。

PERFORMANCES

456M GT

最高速度	km/h
	309.593

発進加速

速度（km/h）	時間（秒）
0—80	3.7
0—100	5.2
0—120	6.8
0—140	9.1
停止—400m	13.2
停止—1km	23.7

追越加速（6速使用時）

速度（km/h）	時間（秒）
70—120	10.2
70—180	24.1

制動力（ABS）

初速（km/h）	制動距離（m）
100	36.0
160	92.2
180	116.7

コンフォート・テスト

2000年6月、クアトロルオーテはメルセデス・ベンツCL600、アストン・マーティンDB7ヴァンテージ、そして456M GTの比較テストを行なった。トリッキーなコースでのハンドリングと静粛性のテストで、フェラーリはライバルを抑えた（スバラシイ！）。押しは強いが、バランスのとれたクルマだ。

360モデナ 1999〜2004

マニュアル もしくはセミオートマ
360モデナはF355の後継モデルだ。このモデルでもギアボックスは6段MT（右）と、ステアリングホイール背後に装着されたパドルで操作するセミオートマティックの、2種類が用意された。おそるべきV8は、リアハッチを通してその姿を眺めることができる（183ページ）。

　ニュースが流れたのは1999年2月のことだった。そのニュースは、3月初旬のジュネーヴ・ショーで、フェラーリがF355の後継車として8気筒2シーターのスポーツカーを発表するというものだった。F355はまだ充分時代に通用するどころか、世界有数のスポーツカーとして君臨していた。それにもかかわらず後継車に道を譲ることにしたのは、つねに新しさを追求するという、カヴァリーノの信念のあらわれだった。

　こうして360モデナが誕生する。新しさはまずネーミングからだ。Fがなくなり数字だけになった（Fが戻ってくるのは最新8気筒のF430から）。360が示すのは排気量である（3.6ℓ）。数字のあとに付くモデナとは、エンツォ・フェラーリ自身が、スクーデリアが、そしてアウト-アヴィオ・コストゥルツィオーニが設立された都市名で、1943年にフェラーリ社がマラネロに移転してからも、エンツォにとっては公私にわたる生活の場の中心となっていた。そんなフェラーリゆかりの地名を入れたモデルは、550マラネロに続いて2台目である。

　360モデナに与えられた使命はかなり重要なものだった。エントリーモデル＝量産モデルとして販売に大きな期待がかかっていただけではない。このニューカーのポイントは、ロードゴーイング・フェラーリとして初のオールアルミ製であるという技術革新にあったのだ。ボディからシャシー、サスペンションに至るまですべてアルミ——この素材が採用されたのは、ハンドリングを向上させるために車重を減らすことが主たる目的で、ハンドリングに求められたレベルは、これまでどんなモデルも達成しえなかった、8気筒ミドシップ・ロードカー史上最高というものだった。開発に4年の歳月が費やされた結果、F355よりエアロダイナミクスに優れ、広い居住空間を持つ高性能車が誕生した。

　デザインは今回もピニンファリーナに託された。F355の後継車という点では自然ななりゆきだが、それでもピニンファリーナは積極的に新

しい試みを行なった。たとえば、ルーフ下からテールに向かって備わるダミーのリアウィンドーを通して、外からエンジンが見えるようになっており、このデザインが360全体にアグレッシヴな印象を与えている。F355に比べると、フェンダーは丸くふくらみ、しっかりとした表情のフェイスにはライトが嵌めこまれ、センターグリルがなくなり、ラジエターグリルが左右に分割された。センター部分のデザインはF1マシーンのシルエットを彷彿させる。コクピットはエンジン部分と居住スペースが、ちょうどパセンジャーシートの肩のあたりに設置された、もうひとつのリアウィンドーで仕切られる。シート背後にはラゲッジスペースが用意された。

5400時間にもわたって風洞実験が繰り返され、ロードカーとしては非常に優れた空力特性を得た。すばらしいグラウンド・エフェクトを実現し、290km/hの時のダウンフォース荷重は180kgに達するのだ。アンダーボディはカバーされ全面フラットで、ノーズから入ったエアが抜けるテールにはディフューザーが備わる。

パワーユニットは排気量3586ccの90度V型8気筒で、400ps／8500rpmの最高出力はF355より20ps向上している。気筒あたり5バルブ、潤滑システムはドライサンプ方式である（オイルタンクはF1マシーンのようにエンジンとギアボックスの間に置かれた）。1ℓあたりのパワーは112psで、これはマラネロ製8気筒フェラーリの

テクニカルデータ
360モデナ（1999）

【エンジン】＊形式：90度V型8気筒／縦置き ＊総排気量：3586cc ＊ボア×ストローク：85.0×79.0mm ＊最高出力：400ps／8500rpm ＊最大トルク：373Nm／4750rpm ＊圧縮比：11.0：1 ＊タイミングシステム：DOHC／5バルブ／ベルト駆動 ＊燃料供給：電子制御インジェクション ボッシュ・モトロニック

【駆動系統】＊駆動方式：RWD ＊変速機：6段マニュアルもしくはシーケンシャル・セミオートマティック ＊クラッチ：乾式複板／LSD ＊タイア：（前）215/45R18（後）275/40R18

【シャシー／ボディ】＊形式：アルミ押し出し材フレーム＋アルミボディ／2ドア・クーペ ＊乗車定員：2名 ＊サスペンション：（前）独立 ダブルウィッシュボーン／コイル, 電子制御可変テレスコピック・ダンパー, スタビライザー （後）独立 ダブルウィッシュボーン／コイル, 電子制御可変テレスコピック・ダンパー, スタビライザー ＊ブレーキ：ベンチレーテッド・ディスク／ABS ASR ＊ステアリング：ラックピニオン（パワーアシスト）

【寸法／重量】＊ホイールベース：2600mm ＊トレッド：（前）1669mm （後）1617mm ＊全長×全幅×全高：4477×1922×1214mm ＊車重：1290kg

【性能】＊最高速度：295km/h ＊0−100km/h加速：4.5秒

なかでは最高ということになる。また、電子制御可変吸気システムが初めて採用されている。コンロッドはチタン製、ピストンはアルミ製。エンジン・マネジメントを任されたのはボッシュ・モトロニックだ。スロットルはドライブ・バイ・ワイアでコントロールされ（旧来のケーブルではなく、電気信号でコントロールされる）、パフォーマンスと燃費に貢献する。

ギアボックスは縦置きされ、F355同様に6段マニュアル、もしくはセミオートマティック（F1システム）から選べる。後者はステアリングコラムから生えたパドルで操作する。

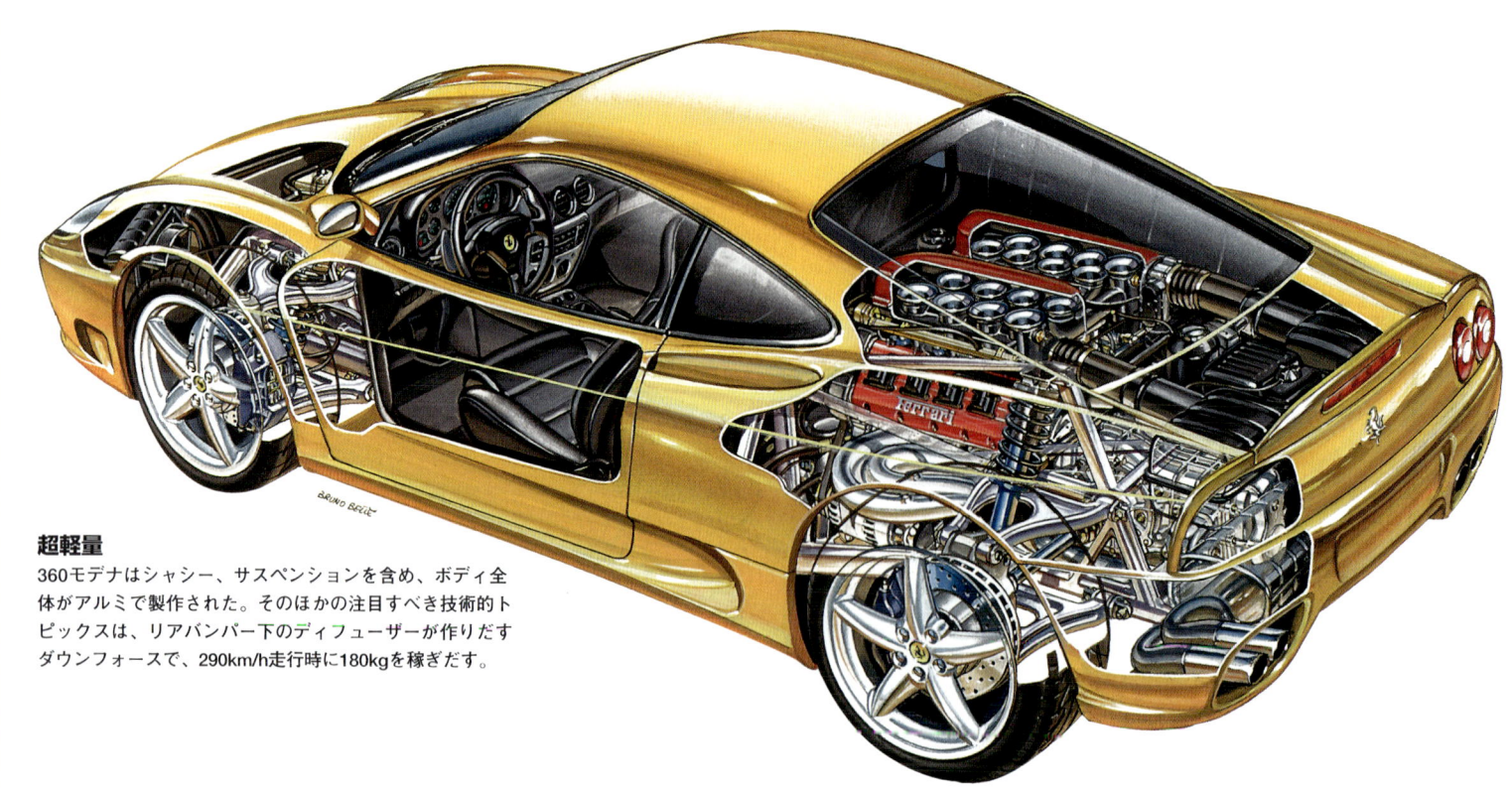

超軽量
360モデナはシャシー、サスペンションを含め、ボディ全体がアルミで製作された。そのほかの注目すべき技術的トピックスは、リアバンパー下のディフューザーが作りだすダウンフォースで、290km/h走行時に180kgを稼ぎだす。

性能もすばらしい。最高速度は295km/h、0－100km/h加速は4.5秒、パワーウェイトレシオは3.47kg/psという数値だ。

　360モデナのプレゼンテーションにはミハエル・シューマッハーも参加して、おおいにこのニュー・フェラーリを盛り立てた。

「とても好きだよ。ステアリングを握ってみたけど、とても軽快な印象のフェラーリだね。乗ってみたら、レーシングカートのようだった」

シューマッハはこんなふうに語ったのだが、彼が言ったことは台本に書かれていたことではなく、本心だろう。なぜならまさにこのスポーツカーは、ステアリングを握った人間なら誰もが思うことだが、実際、高品質のドライビング・プレジャーに溢れたフェラーリだからである。

　シャシーはアメリカのアルミ・スペシャリスト、アルコア社との協力のもとにフェラーリが開発した。押し出し成形技術を用いて製作されたアルミのスペースフレームは、従来のそれに比べて剛性が40％も上がっているほか、F355に比べてボディサイズが10％大きくなっているにもかかわらず、重量は28％軽減されている。また、サスペンションはサブフレームなしにスペースフレームにダイレクトにマウントされているが、もちろんシャシー同様アルミニウム製だ。

　高いロードホールディングを保証するのは、トラクションコントロールのASR（Acceleration Slip Regulation）＋ABS（Antilock Brake System）システムで、これに電子制御式制動力配分装置

下に何かが……

360モデナのデザインの特徴は、これだけ俊敏なモデルとしては珍しく、ウィングやスポイラーが見当たらないことだろう。このクルマは長い時間をかけて風洞実験が行なわれた結果、非常に優れたグラウンド・エフェクトを実現している。アンダーボディを流れるエアをうまく処理するためにセンターグリルが廃された。全面がカバーされたアンダーボディは、リアのディフューザーまで続く。これによりウィング類なしに、極めて優秀なエアロダイナミクスを入手できたのだ。

2000年のスパイダー

フェラーリの伝統に従って、360モデナのベルリネッタのデビュー（1999年）後、しばらくしてからスパイダー・バージョンが発表された。マスクはベルリネッタ・モデルとまったく同じ、ボディ後半部分はリデザインされている。キャンバストップの開閉は自動で、幌は20秒ほどでリアシートとエンジンの間に隠れてしまう。

のEBD（Electronic Brakeforce Distribution）と減速時のエンジンブレーキ・トルクコントロールシステムのMSR（Motor Schleppmoment Regelung）が加わる。ブレーキは4輪ともローターが330mmに拡大されたブレンボのベンチレーテッド・ディスクを採用している。これによりフェードを防ぐことができ、絶対的な制動力が高くなった。360モデナのデビューで、F355は舞台から降りることになったが、F355スパイダーは2000年まで生産が継続された（このバージョンもMTもしくはF1システム・トランスミッションが選択できるようになっていた）。

　あとから登場した360スパイダーは、油圧アクチュエーターにより20秒で開閉が完了するキャンバストップを備える。ベルリネッタに比べて車重が60kg増したものの、Cd値は0.36とすばらしく（クローズド・タイプは0.33）、性能もほぼ変わらない、最高速度290km/h、0－100km/h加速4.6秒をマークした。360スパイダーは、フェラーリのロードゴーイング・スパイダーとしては20代目にあたるモデルだった。

360モデナF1 インプレッション

　ステアリングコラムにパドルを備える電子デバイス満載のクルマ——クアトロルオーテが卓越した腕を持つベテランテストドライバーにインプレッションを依頼したのは、こんなクルマだった。1999年5月、360モデナF1はヴァイラーノのサーキットを走った。感情が刺激される以前に、つまり、まだ停まっている状態でテストドライバーは言った。

「どんなモデルでもフェラーリの車内に入ると、いつも他のクルマでは決して抱くことのない、特別な気分を感じるの。柔らかな高品質のレザーのせいかしら。それともシートのせい？ いいえ、おそらくフェラーリが持っている神話のせいね。たとえ目を閉じていても、あっ、フェラーリだ、とすぐにわかる何かがある。360モデナでも同じだったわ。地面からちょっとしか離れていない低いシートに腰かけて、足を半分のばして、小さな、ほとんど直立しているステアリングホイールを握ったとたん、いつもの、フェラーリに乗ったときにしか襲ってこない感情に満たされる。今回は指がステアリングホイールの背後に控えるシフトチェンジ用のパドルに触れて、レーシングマシーンのようなレイアウトのペダルに足をのせる。スイッチ類はどれも整然と並んでいる。アナログ表示のメーター類が正面に陣取っているの。なかでも大きなサイズの回転計がすべてを語っていたわ」

　こう語るドライバーを待っていたのは、ハイスピード走行が可能なサーキットだった。ワクワクしてくる。

「1速に入れてスロットルペダルに足をのせると、エンジンはまたたく間に7000rpmまで上がっていった。クラッチミート（オートマティック）は激しくて、強い衝撃がシートに伝わってきたわ。タイヤがアスファルトに噛みついてきしむ。これ以上、滑らないようにわずかにスロットルをオフにする。そうしてから再び、スロットルを踏みこむ。すでにリミットで、右パドルに触れるとあっという間に2速にシフトアップ（所要時間は150/1000秒）。リアのタイヤが再び数メートル滑って、2秒ほどしてから3速へ。3速のスピードはすでに150km/h。4速（4速の寿命は短かった。なんと3.5秒）、そして5速へ。スタートしてからここまでのタイムは15.2秒、速度は200km/hを超えていたわ」

　8気筒エンジンはおそろしいほどパワフルで、なおかつ非常に弾力性に富んでいた。低回転からもすいすい上がっていく。そして——レーシングマシーンを連想させるのは5500rpmからだ。

「エンスージアスティックなフィーリングはど

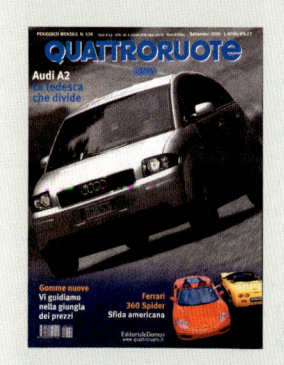

ダブル・テスト
デビューを待ち構えるようにして、クアトロルオーテはまず、ベルリネッタをサーキットに持ちこんだ（1999年5月号）。1年ちょっとしてから、2000年9月号では（上がこの号の表紙）スパイダーをテストした（左）。テストを依頼したのはステファニア・グラセットで、クアトロルオーテ・セーフティドライビングスクールのインストラクターを務める。

記録

360モデナF1はヴァイラーノ・サーキットを疾走、最高速度は298km/hを記録した。"ハンドリング・コース"のテストでは1分21秒490というラップタイムを叩きだした。下はスパイダーのテストシーン。ステアリングを握るのは信頼厚き女性パイロットだった。

んどん高まる。限界に到達するまでこのフィーリングが続くのよ」

ギアボックスも非常に印象的だし(シフトチェンジがおそろしく速い)、ブレーキも(これも抜群に優れている)同様。コーナリングでの360モデナの挙動は安定している。高速で進入してもアンダーステアはわずかで、高い敏捷性を発揮する。低/中速時の横Gは1.1Gを記録、ハイスピード時にはこれ以上となる。これは優れたエアロダイナミクスがなせる技で、タイアサイドがアスファルトから離れることがない。

「出口では、トラクションコントロールシステムのASRを切っているとオーバーステアになるけど、突然というより徐々に変わっていく感じね」

360を運転するのは一般道でも楽しい。適切なギアとエンジンの中回転域をうまく使って次から次へとコーナーを楽しむことができる。

ステファニア・グラセット(Stefania Grassetto/GTチャンピオンシップの女性ドライバークラスで3タイトルを獲得した)は、2000年9月にテストした360スパイダーにもほぼ同じ印象を持った。幌の開閉がわずか20秒で完了するスパイダーについて、次のように語った。

「ふつうのクルマみたいに一般道をドライブしたんだけど、快適だって思ったくらいよ。サーキット走行で"スポーツ"をセレクトするとレーシングマシーンになるわね。つまり、ものすごく速くて、非常にエンスージアスティックなクルマに変わるの」

PERFORMANCES

	クーペ	スパイダー		クーペ	スパイダー		クーペ	スパイダー
最高速度		km/h	0—200	15.2	16.4	70—180	21.0	23.0
	297.800	290.536	0—220	18.7	20.4	70—200	25.9	27.7
発進加速			0—230	20.8	—	制動力（ABS）		
速度（km/h）		時間（秒）	停止—400m	12.7	12.9	初速（km/h）		制動距離（m）
0—60	2.3	2.2	停止—1km	22.8	23.3	60	12.8	13.4
0—80	3.5	3.2	追越加速（6速使用時）			100	35.5	37.1
0—100	4.5	4.6	速度（km/h）		間（秒）	120	51.1	53.5
0—120	6.1	6.3	70—100	6.6	7.0	140	69.6	72.8
0—140	7.6	8.0	70—120	10.6	11.2	160	90.9	95.1
0—160	9.7	10.4	70—140	14.1	15.2	180	115.1	120.4
0—180	11.9	12.9	70—160	17.8	19.0	200	142.1	148.6

比較

左の表は、360モデナF1のクローズド・バージョン（テストは1999年5月に実施）とオープン・バージョン（2000年9月）の計測結果。

575Mマラネロ 2002〜2004

血筋は争えないものだ——575Mマラネロの場合もまさにこの言葉どおりだった。このクルマはMのイニシャルが示すようにマラネロの改良版だが、そのスピリットのみならず、ピュアなグラントゥリズモのハード部分をより進化させたモデルだ。

エンジンは550と基本的に同じだが、ストロークが変更を受けたことで排気量が5.75ℓに拡大している（575という数字はこの排気量をそのまま用いたもの）。最高出力は550の485psから515ps／7250rpmにパワーアップしたが、同時にトルクも増大したことで（588Nm）、パワフルでありながら、柔軟性も兼ね備えた扱いやすいエンジンに仕上がっており、優れた操縦性を実現している。

しかし新しさは、決してエンジンにだけ集中しているというわけではなかった。このカテゴリーのモデルとしては今や必須アイテムといえるパドル式F1セミオートマティック・トランスミッションが採用されているのだ。360モデナにも搭載されたこのギアボックスはさらに進化して、シフトチェンジにかかるタイムが短縮されている。実際のところ、最高速度については、575Mではマニュアルバージョン、F1バージョンともに同じだが（どちらも325km/h、550マラネロの最高速度は320km/h）、加速はF1バージョンのセミオートマティックがマニュアルを上回っている。0−100km/h加速（550のタイムは4.4秒）では、F1バージョンが4.2秒を計測したのに対し、マニュアルは4.25秒だった。僅差にはちがいないが、それでも差があったことは事実だ。0−1km加速は、575Mのマニュアルが22.0秒だったのに対し、F1バージョンは21.9

つねに向上

575Mマラネロは、2002年2月にフェラーリ本社でマスコミに公開された。直後に開催されたジュネーヴ・ショーで一般公開となったが、革新技術が満載で、使いやすさと機能の双方を考慮した改良が施された。たとえば車内。ドライバーが快適にコントロールできるように計器類はすべてドライバー正面にまとめられた。中心に配置されたのはレヴカウンターだ。ホイールのデザインも新しく（上右）なったほか、フロント（191ページ）ではエアインテークとスポイラーがパワーアップにともない変更された。

秒だった。

　LSDを内包したギアボックスはリアに搭載され、いわゆるトランスアクスルになっている。これは550マラネロと同じである。

　550に比べると575のウェイトは40kgほど重くなったが、重量配分は前後がほぼ50％ずつの理想的な配分である。エレクトロニクス・システムについては550のものよりずっと洗練された。たとえば電子制御ダンパーでは"スポーツ""コンフォート"のいずれを選んでも、さまざまな状況に応じてもっとも適切で安定した状態にクルマの挙動を保つことができる。ブレーキシステムも見直しが図られ、走行中にタイアの空気圧を電子制御でコントロールするシステムが導入された。

　ボディについては、エンジンのパワーアップにともない、フロントのエアインテークの形状が変わり、サイズも大きくなった。ライト類も変更となり、スポーティなキャラクターを強調するために、軽合金ホイールのデザインにも変更を受けている。室内の操作系も見直された。

テクニカルデータ
575Mマラネロ（2002）

【エンジン】＊形式：65度V型12気筒／縦置き ＊総排気量：5748cc ＊ボア×ストローク：89.0×77.0mm ＊最高出力：515ps／7250rpm ＊最大トルク：588Nm／5250rpm ＊圧縮比：11.0：1 ＊タイミングシステム：DOHC／4バルブ／ベルト駆動 ＊燃料供給：電子制御インジェクション

【駆動系統】＊駆動方式：RWD ＊変速機：6段／トランスアクスル ＊クラッチ：乾式単板／LSD ＊タイア：（前）255/40R18（後）295/35R18

【シャシー／ボディ】＊形式：鋼管チューブラーフレーム＋アルミボディ／2ドア・クーペ ＊乗車定員：2名 ＊サスペンション：（前）独立 ダブルウィッシュボーン／コイル，テレスコピック・ダンパー，スタビライザー （後）独立 ダブルウィッシュボーン／コイル，テレスコピック・ダンパー ＊ブレーキ：ベンチレーテッド・ディスク／ABS ASR ＊ステアリング：ラックピニオン（パワーアシスト）

【寸法／重量】＊ホイールベース：2500mm ＊トレッド：（前）1632mm （後）1586mm ＊全長×全幅×全高：4550×1936×1277mm ＊車重：1730kg

【性能】＊最高速度：325km/h ＊0−100km/h加速：4.3秒

575MマラネロF1 インプレッション

大物対決
2003年9月号『クアトロルオーテ』のドライビングインプレッションは、ハマーH2（米陸軍用の四輪駆動車がより大衆化された、いちおう"スモール・サイズ"）、アストン・マーティンV12ヴァンキッシュ vs 575Mマラネロの比較テストが掲載された。ほかには小型ディーゼルの燃費テストも実施されている。表紙を飾ったのはフィアット・イデアと元サッカー監督のロベルト・マンチーニ（Roberto Mancini）。

　2台で1000馬力——クアトロルオーテは、この時代にもっとも美しく、速く、そして魅力的な2台を比較テストするにあたり、こう定義した。紹介はアルファベット順といこう。1台目はアストン・マーティンV12ヴァンキッシュ（5.9ℓ、V12、457ps、23万9000ユーロであなたのものに）、もう1台は575MマラネロF1（こちらの値段は20万4000ユーロ強と若干"安め"）である。デビューから少し時間が経過していたこともあって、デビュー当時の興奮と華やぎは薄れていた。テストが行なわれたのはそんな時期だった。

「デビューほっかほか、とはいかないが、それでも575Mはベッラ・マッキナ（優れたクルマ）にはちがいない。押しの強さでは敵うものがないことは確かだ」

　アグレッシヴにはちがいないが、電子制御システムのおかげで"毎日"乗るのに格別な注意を払う必要もない。注意するのはスピードメーターのみである。というのも、非常に駿足なフェラーリなため、法定速度を簡単に超えてしまうからだ。常識的な判断が必要とされる。

　理論上はほかのクルマ同様、街中でも問題なく足にできるフェラーリだが、それでも575Mを"ノーマル"と定義する気にはとてもなれない。燃費についてもしかりで、ノーマルとはいいがたく、普通に走って18ℓ／100km、5.6km/ℓという数値を記録した。

　さて、サーキットではどうだろうか。575Mは決してサーキットを走るために生まれたフェラーリではないが、それでもサーキットを走ると本領を発揮する。

「サスペンションのダンピングを強化し、シフトスピードを短縮する"スポーツ"に設定する。トラクションコントロールシステムのASRはオフになっている。こうすると、575Mマラネロは野獣に変身して、すさまじいパフォーマンスを見せてくれるのだ。それではストレートの端へ停めよう。左足はブレーキにおき、1速に入れて、回転を5000rpmまでもっていく。ここでブレーキから足を離すと、クラッチミートしてすさまじい勢いで野獣が目をさます。青い煙があがって575Mは前に飛びだす。あっという間にリミットだ。2速に入れるとリアタイアが何メートルかスピンする。この段階ですでに100km/h（ここまでにかかったタイムは4.8秒）、200km/hに達するのに14.2秒、1kmを22.6秒で走り抜ける。このときの最高スピードは250km/h近かった」

　ほかに付け加えることはなにもない。数字がすべてを語ってくれる。

PERFORMANCES

最高速度	km/h
	320.237

発進加速

速度 (km/h)	時間 (秒)
0 — 60	2.6
0 — 100	4.8
0 — 120	6.5
0 — 140	7.8
0 — 160	9.8
0 — 180	11.8
0 — 200	14.2
0 — 220	17.6
0 — 230	19.3
0 — 250	23.3
停止 — 400m	12.8
停止 — 1km	22.6

追越加速（5速使用時）

速度 (km/h)	時間 (秒)
70 — 80	1.7
70 — 100	4.9
70 — 120	8.1
70 — 130	9.8
70 — 160	14.9
70 — 180	18.1
70 — 190	19.7
70 — 200	21.4

制動力（ABS）

初速 (km/h)	制動距離 (m)
60	12.9
100	35.7
120	51.5
130	60.4
160	91.5
180	115.8
200	142.9
210	157.6

本領発揮

パワフルなエンジン、すばやくシフトするギアボックス、クイックで正確なハンドリング——575Mマラネロはサーキットで、性能のすべてを出し惜しみすることなく発揮した。コーナーでの挙動は安定しており、高速でクリアできる。唯一、注意しなければならないのは、コーナーに入って荷重が前に移動したとき、軽くなったリアトレーンが浮き上がる傾向にあることだろう。

エンツォ・フェラーリ 2002〜2003

「F1マシーンとロードカーの交点を見いだす」
F50という秀作を旧いものだと感じさせるくらいのスーパーカーを——。これが開発する際の合言葉だった。その目標を達成したモデル、それがニューカー、エンツォ・フェラーリである。「フォーミュラ1の先進技術を満載したエクセプショナルカー（特別なクルマ）」フェラーリを付けずにエンツォと略称されることの多いニューカーを、フェラーリ社はこう定義する。

真に自動車を知り尽くした者だけが創りだすことのできるスペシャルカー——このクルマのおそるべきジェット機のような加速を試したいなら、そして眩惑させられるようなデザインを楽しみたいなら、ほかの交通に邪魔されることのないオープンロードが必要だ。そこを自由に駆け巡る最高のクルマなのだから——。

288GTOからF40へ、そしてF50へと続くスーパーカー・シリーズの最新モデルとして、エンツォ・フェラーリは2002年にデビューしたが、プロジェクトがスタートしたのは1998年のことだった。5年あまりの歳月をかけて、このスペシャル・ベルリネッタは生まれたのだ。

エンジンはミドシップされ、F40、F50同様、限定生産モデルだ。プロジェクトは65度V型12気筒DOHC（気筒あたり4バルブ、可変バルブタイミング機構付き）、ノンターボの6ℓユニットの設計からスタートした。パワーは豪快で660ps（1ℓあたり110ps）。しかしマラネロの技術陣が狙っていたのは、豪快でパワフルというより、ふたつの性質を持たせることだった。サーキットでは荒々しく激しい性質に、そこを離れてロングドライブに出かけるときは、たちまち穏やかで扱いやすい性質に変わるという二面性を求めたのだ。結果、なんと1000rpmで657Nmのトルクが発生する。これは可変慣性過給システムと、統合電子制御システムのボッシュ・モトロニックME7によるところが大きい。

潤滑システムはドライサンプ方式が採用された。6段変速ギアボックスはセミオートマティックで、例によってステアリングコラムに装着されたパドルシフトで操作する。ギアチェンジに要するタイムは150/1000秒だ。

シャシーもエンツォ専用に開発されており、カーボンファイバー／ノーメックス・ハニカムからなるモノコック・タブにアルミのサブフレームが剛結される。サブフレームには、エンジン、ギアボックス、サスペンションがマウントされ、F50を悩ませた振動とノイズを軽減した。静粛性が向上したため、吸音パネルを外すことが可能となり、軽量化に助力した。ブレーキはブレンボのカーボンセラミック製ディスクを採用。カーボン製のものより冷間時の効きがよく、高い耐久性を誇る。前後ともダブルウィッシュボーンのサスペンションは、ダンパー／コイル・ユ

サーキットのモンスター
一般道走行用に造られたとはいえ、エンツォ・フェラーリが本領を発揮するのはやはりサーキットだ（右と195ページ）。いったんサーキットに飛びだすと、V12エンジンが絞りだす660psは一気に開放される。

熱放出
V12エンジンが作りだす熱は、左右に配置されたテールライトの間のグリルからも放出される。

テクニカルデータ
エンツォ・フェラーリ（2002）

【エンジン】＊形式：65度V型12気筒／縦置き ＊総排気量：5998cc ＊ボア×ストローク：92.0×75.2mm ＊最高出力：660ps／7800rpm ＊最大トルク：657Nm／5500rpm ＊圧縮比：11.2：1 ＊タイミングシステム：DOHC／4バルブ ＊燃料供給：電子制御インジェクション

【駆動系統】＊駆動方式：RWD ＊変速機：6段シーケンシャル ＊クラッチ：乾式複板／LSD ＊タイア：(前)245/35R19 (後)345/35R19

【シャシー／ボディ】＊形式：カーボンファイバー＆アルミハニカムモノコック＋コンポジットボディ／2ドア・クーペ ＊乗車定員：2名 ＊サスペンション：(前)独立 ダブルウィッシュボーン＋プッシュロッド／コイル，電子制御可変ダンパー (後)独立 独立ダブルウィッシュボーン＋プッシュロッド／コイル，電子制御可変ダンパー ＊ブレーキ：ベンチレーテッド・ディスク／ABS ASR ＊ステアリング：ラックピニオン(パワーアシスト)

【寸法／重量】＊ホイールベース：2050mm ＊トレッド：(前)1660mm (後)1650mm ＊全長×全幅×全高：4702×2036×1147mm ＊車重：1365kg

【性能】＊最高速度：350km/h ＊0-100km/h加速：3.65秒

アヴァンギャルド

エンツォ・フェラーリを製作するにあたり、マラネロでは最先端テクノロジーの搭載に力を入れた。俊敏なセミオートマティック・トランスミッションからカーボンセラミック製ブレーキまで。くわえて、ふんだんにカーボンファイバーが使われた。上はサイドミラー周辺のディテールとカヴァリーノ・ランパンテの紋章。

ニットをモノコックに取り付け、プッシュロッドで作用するインボード式が採用されている。

エクステリアデザインはピニンファリーナの手になるが、まさに技術的機能を突き詰めた結果、誕生したスタイリングだ。外観の美しさよりも空力特性がやや優先された感もあるが、全体的には美しさ溢れるラインが生みだされた。このクルマの美しさとはパーフェクト・テクノロジーの魅力であり、美を追求した結果に作られる美しさとは異なってくるものだ。独特なスタイリングであり、強烈な個性を備え持つ。

フロント部分はF1マシーンを彷彿させる。マスクが絞られて前に伸ばされたようなスタイルは、まるで空間に穴を穿つかのような、そんな表情だ。フェンダーには流線型のヘッドライトが嵌めこまれ、ウィングにも見えるノーズのリップがフェイスへと繋がっている。そこには洗練されたデザインのエアインテークが設置されており、ラジエターとブレーキの熱を冷却する。ドアは1970年の512Sのように、上に向かって開くスウィングアップ・タイプが採用された。

エンツォの車内はスパルタンで、そしてピュアだ。室内に使われている素材で最初に目に飛びこんでくるのは、スポーティの極みともいうべきカーボンファイバーである。ステアリング周辺にはシフトチェンジ用パドルシフトをはじめ、コントロール用のスイッチが集められている。シートはF40と同じように幅の異なる4タイ

プが用意され、ドライバーの体型に合わせて選択できる。これも素材はカーボンファイバーの、バケットタイプである。ペダルについても同じように、ドライバーの好みやドライビングポジションに合わせて調節できるようになっている。こちらの素材はアルミニウムだ。

居住空間も含め、このクルマのスタイリングはエンジンを中心にデザインされている。堂々たるV12は透明の非常に長いフードを通して眺められるようになっており、ブレーキとエンジンを冷却するボディサイドの大型エアインテークが、ワイドなリアタイアとうまく調和している。オーバーハングはまるで、スタートの瞬間を待つ陸上選手の筋肉のように躍動感にあふれる。テールには横長のグリルが装着される。V12が生みだす熱を逃がす、このグリルの中心を飾るのが、クロームメッキの跳ね馬だ。4つのテールライトはふたつずつ左右に分かれ、これらがリアデザインにポイントを作りだす。

エンツォのアンダーボディも、エアロダイナミクスの向上を求めてデザインされた。そこにはトンネルが備わり、高いダウンフォースが得られるよう、最後のところで上を向き、ベンチュリー効果を生みだす形になっている。数字でみると、その優れた空力特性が明快に理解できる。200km/hで344kg、300km/hではなんと775kgのダウンフォースを得ている。ダウンフォース量はフロントのフラップの角度やスポイラーの動きによって変化させることも可能だ。

F1のように

エンツォ・フェラーリに乗りこむと、そこに広がるのはレーシングマシーンの世界そのものだ。主要操作系はステアリング周辺に集められ、ブレーキとスロットルから構成されるアルミペダル（下）はドライバーの体型や習慣、癖にあわせて調節ができるようになっている。通常クラッチペダルが配置される場所には、ハードドライビングには欠かせないフットレストが設置されている。

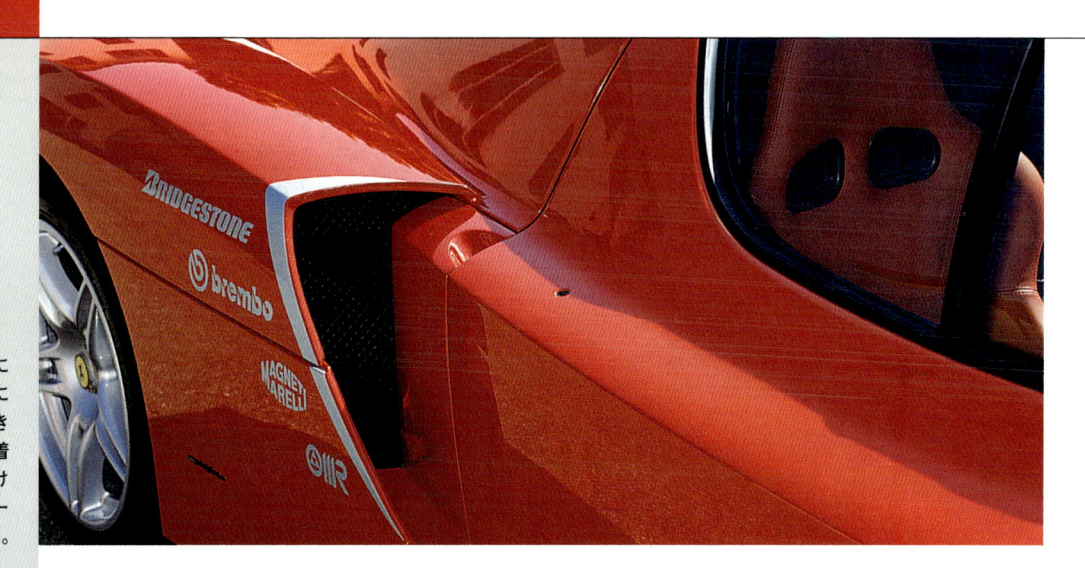

開口部
筋肉質なリアフェンダー上には、ラジエターとブレーキにフレッシュエアを運ぶ、大きなサイズのインテークが装着されている。下はドアを開けた状態のエンツォ・フェラーリ。空に向かって開く仕組み。

エンツォの動力性能は期待以上で、度肝を抜かれる。最高速度は350km/hを超え、0－100km/hの加速は3.65秒、停止状態から200km/hに到達するのにかかるタイムはわずか9.5秒である。このクルマを操縦した感動は、他のクルマでは決して味わえないものだが、これはF1マシーン譲りのエンツォ用に開発された、シャシー＋サスペンション＋タイアによるところが大きい。パワーウェイトレシオは1馬力あたり、わずか2.06kg、コーナーでもタイアがアスファルト路面から離れることはなく、出口でスロッ

トルを踏みこむと"稲妻"と化す。

そうはいっても、当然このクルマならではの感動を味わえたひとは少ない。マラネロの宝石の生産台数はわずか399台だからである。発売決定のニュースから数週間のうちに、この399台はあっという間に予約済みとなり完売した。

FXX

2005年の終わり、エンツォのエヴォリューションモデルが登場する。名をFXXといい、サーキット走行を前提にして、29台が製作された。購入者はレーシングドライバー兼テストドライバーとして、自動的にチーム・フェラーリのメンバーとなった。彼らはフェラーリのエンジニアやスペシャリストから、直接ドライビング・テクニックを伝授してもらうことができるのだ。

"FXXパック"の値段は150万ドル（税抜）で、このプライスタグには車輌本体のほかに、フェラーリが主催する2006〜2007年シーズンのサーキットレースの出場権が含まれる。このレースは世界中のインターナショナルレベルのサーキットで行なわれるもので、オフィシャルチームのエンジニアがサポートする。

マシーンはエンツォをベースに改良したもので、排気量は6262ccに増え、最高出力は800ps／8500rpmとなった。また、エアロダイナミクスがさらに向上している。さらにFXXにはテレメトリーが装着され、まさにサーキットにふさわしい究極のクルマに仕立てあがっている。

サーキットだけ

2005年12月、フェラーリはボローニャ・モーターショーで世界に先駆け、エンツォのエクストリーム・エヴォリューション・バージョン、FXXを発表した。FXXはサーキット使用だけを考えて製作されたフェラーリで、値段は150万ドル。29人の購入者はこのクルマを所有する幸福だけでなく、フェラーリ・オフィシャルチームのメンバーとなることができる。2006／2007年シーズンのサーキットレースプログラムに参加できるのだ。

エンツォ・フェラーリ インプレッション

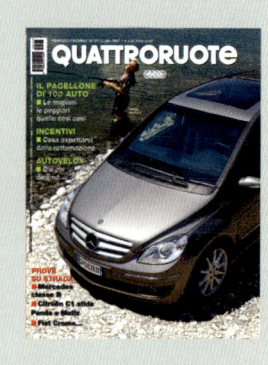

測定

2005年7月号の『クアトロルオーテ』にはフェラーリがたくさん登場する。近年行なわれたテストのなかでは最高の結果を得ることになったが、ここには本音で語るジャン・トッド（Jean Todt）のインタビューも掲載されている。テストは2台のスーパーカーと比較の形で実施され、特別にストップウォッチテストが用意された。右はエンツォが見せたスペクタクルなパフォーマンス。コーナー出口にて。迫力あるシーンだ。

「4秒クラブ」は、クアトロルオーテが2005年の夏に設立したエクスクルーシヴなクラブである。会員は3台のクルマのみ。選抜基準は実に明快で、公平にストップウォッチが選びだした。0－100km/hのタイムが4秒ジャストである（4秒以上は入会資格なし）、これが選抜基準だった。限定生産車も含めた現行生産車の中から6台がこの選抜テストにノミネートされたが、5月のある月曜日、ヴァイラーノ・サーキットに来ることが許されたのは、そのうち3台のみだった。

それではテストに合格したその3台をご披露しよう。まずはポルシェ・カレラGT（価格47万5000ユーロ／5.7ℓV10／612ps）、そしてランボルギーニ・ムルシエラゴ（価格23万2371ユーロ／6.2ℓV12／580ps）、最後はエンツォ・フェラーリ（完売状態だったが、価格66万5000ユーロ）である。なお、不参加となったのはメルセデスSLRマクラーレン、サリーンS7、パガーニ・ゾンダだった。選ばれた3台は、当然のことながら、特別なクルマたちである。ゆえに評価も、通常の測定表に星を付けてというわけにはいかず、初めてポイント制が導入され（最高で1000点）、評価基準はディテールにまで及んだ。

最初のテストは直径55mのスキッドパッドからスタートした。このテストで判定するのは旋回時における横Gだ。エンツォは1.196G、対するカレラGTは1.215Gだった。続いて行なわれた"ハンドリング・コース"を使ってのラップタイムは、カレラGTが1分17秒349と新記録を樹立したのに対し、エンツォは1/10秒の差で2位に甘んじることになった（原因は熱を持ったタイアにあった）。ムルシエラゴが強みを見せたのは200km/hからの制動力である。代わってエンツォがトップに躍りでたのは絶対加速カテゴリーだった。我々の目の前を行くのは、「神話であり、究極のスポーツカーだ。下に向かってドアを閉めて、ステアリングを握るぶんにはそうでもないが、サーキットを走る姿を外から眺めていると鳥肌が立ってくる感じさえする」。

ドライビングポジションは100％以上完璧だ。計器類は読みやすく、トップレベルといえる。ペダルの配置も非常にいい。エンジンは――「V12エンジンはとてもパワフルで、5000rpmを超えるとピーキーで、扱いが難しくなる。しかし、セミオートマティックのシフトチェンジのスピードがすさまじく速い」。

200km/hを超えても、エンツォには不安なところがまったくなく、コントロールしやすく、晴れ晴れとした気分でドライビングを続けることができる。「これは低いロールセンターと、高いグラウンド・エフェクト、エアロダイナミクスに優れているせいだろう」

ステアリングのレスポンスは非常にクイックで、コーナーへの進入ではアンダーステアのかけらも見せない。もちろん出口はこれに比べると難しいことは難しいが……。

PERFORMANCES

最高速度	km/h	0—140	6.07	追越加速(5速/6速使用時)		70—240	18.17/24.91
	351.166	0—160	7.21	速度(km/h)	間(秒)	70—260	21.26/—
発進加速		0—180	9.07	70—80	1.89/1.47	制動力	
速度(km/h)	時間(秒)	0—200	10.74	70—100	4.26/4.39	初速(km/h)	制動距離(m)
0—20	0.67	0—220	13.22	70—120	6.25/7.57	60	12.2
0—40	1.42	0—240	15.93	70—140	8.24/10.43	100	34.0
0—60	2.25	0—260	19.20	70—160	10.02/13.14	140	66.7
0—80	2.99	0—280	23.32	70—180	11.88/15.94	160	87.1
0—100	3.68	停止—400m	11.54	70—200	13.85/18.55	180	110.3
0—120	5.03	停止—1km	20.55	70—220	16.03/21.60	200	136.2

スーパー・マジック
その差はわずかではあったが、エンツォが854/1000ポイントを獲得して、ムルシエラゴ(736ポイント)とカレラGT(827ポイント)を抑えて優勝。フェラーリは絶対加速で強みをみせた。

チャレンジストラダーレ 2003〜2004

スポーツへの回帰
360モデナのデビューから4年後、カヴァリーノの新しい8気筒（F430）の発表を待つ間、フェラーリは360チャレンジのロードゴーイングバージョンを完成させた。このクルマのキャラクターは実に明快で、フェラーリの原点回帰と呼べるものだった。チャレンジストラダーレは、ボディ中央を走るラインと19インチのホイールが特徴だ。

　フェラーリ・チャレンジというワンメイク・レースシリーズが誕生したのは、1993年のことだった。フェラーリ348から始まったこの企画は、ファンからもドライバーからも大歓迎された。これを受けて1995年シーズンからはF355が、2000年シーズンからは360モデナが、そのレースを戦うことになった。1999年に登場した、360モデナをベースにした進化版がこのワンメイク・レース用に用意され、そして2003年、フェラーリは8気筒のチャレンジストラダーレを発表したのである。

　誕生の裏には「原点回帰」というテーマが隠されていた。フェラーリはなによりもまずスポーツカーでなければならないという原点。必要最低限の快適さと充分な性能——。実際のところ、チャレンジストラダーレはレーシングマシーンと強く結びついている。まずは車重で、ノーマル仕様より110kgも軽量化しているのだ（ノーマルの1290kgに対し、チャレンジストラダーレは1180kg）。この軽量化に貢献したのは、多用された新素材だった（チタンとカーボン）。最高出力は360モデナの400psに対して425ps／8500rpmに強化、これにより1ℓあたりのパワーは118.5ps／ℓとなった。最高速度は300km/h、0ー100km/hは4.1秒を記録した。

　ブレーキシステムにはカーボンセラミック製のディスクが採用されているが、これはブレンボ社のものだ。サスペンションは非常にスポーティで、チタン製コイルは剛性が高まり、ダンパーも強化され、リアのスタビライザー径が拡大されている。車高は15mm下げられた。

　セミオートマティック・トランスミッションはF1マシーンに採用されているのと同じもので、"スポーツ"と"レース"のいずれかを選択できる。これによってダンパーとトラクションコントロールのセッティングが変化する仕組みである。"レース"を選んだ場合はトラクションコントロール（ASR）の介入は遅くなる。

　外見上はどうだろうか。チャレンジストラダーレのエクステリア上の特徴として、カーボンのサイドミラーと19インチのホイール、上下ではなく、左右にスライドするアクリルウィンドー（軽量化のため）が挙げられる。赤いボディに白い帯状のラインが縦走しているが、このラインの中央を飾るのは赤白緑のトリコローレ、イタリアンな3色だ。

　チャレンジストラダーレにはラクシュリー・モデルも用意された。こちらはウィンドーが通常の上降式に戻され、豪華に仕上げられている。

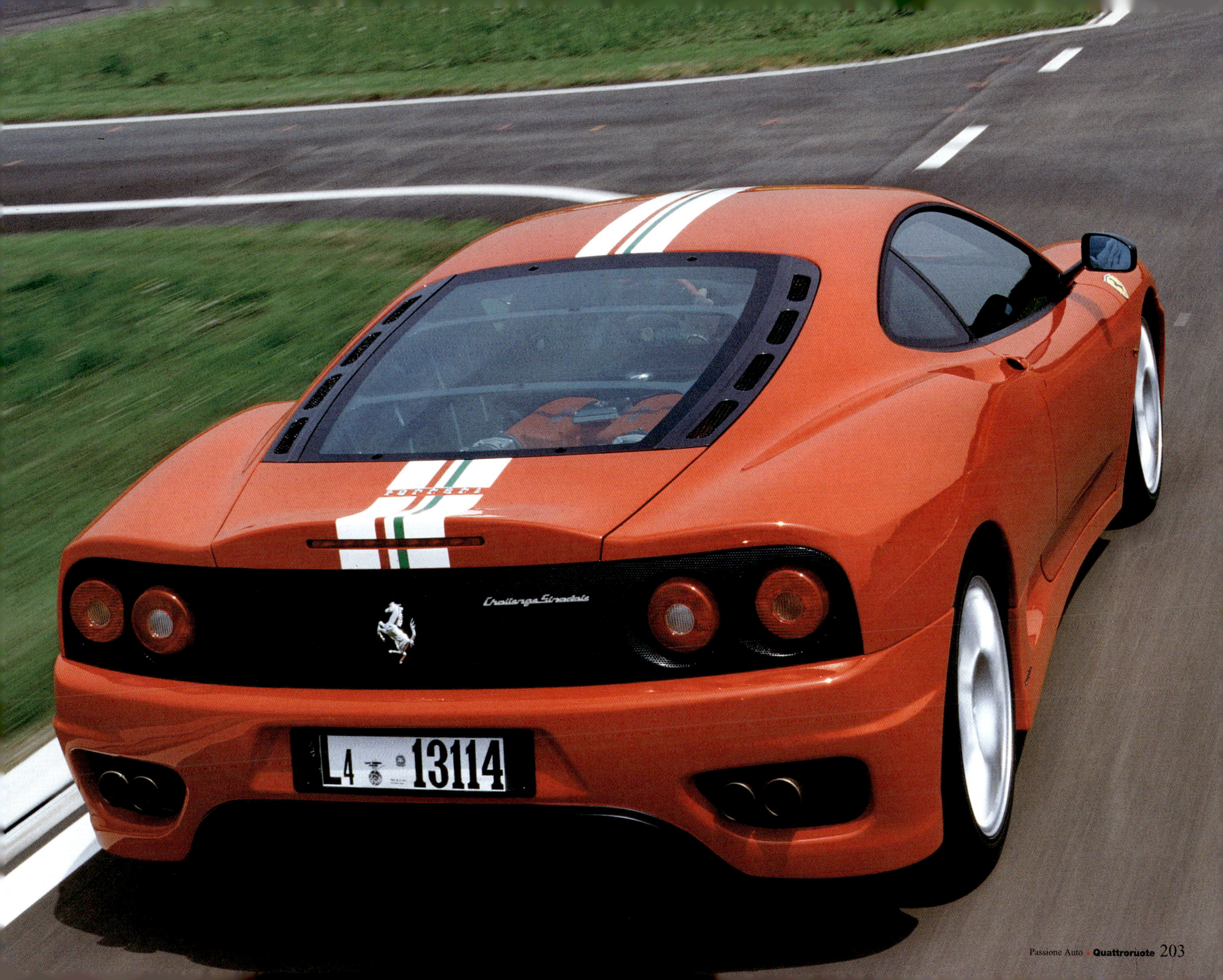
Challenge Stradale
L4 13114

612スカリエッティ 2004〜

高品質
アルミ製ペダル(下)のポジション、レイアウトは完璧。滑り止めの凹凸を付けたブレーキペダルに対し、スロットルペダルは足のスムーズな動きを考慮して滑らかに仕上げられている。
右下：液晶画面のオンボード・コンピューターが小さなメータークラスターに設置されている。

　2004年1月のデトロイト・モーターショーで、フェラーリの4シーター・グラントゥリズモの歴史に新しい章が加わった。鮮やかなボディカラーを纏い、612スカリエッティが登場したのだ。このモデルは12年間脚光を浴びつづけた456の後継である。1998年にモデルチェンジされた456Mも大成功を収めたが、販売面での成功のみならず、イメージという意味でもフェラーリ史上、重要な位置を築いたモデルだった。

　新生2+2のモデル名は、同一の5.75ℓエンジンを持つ575と区別するため、6ℓ12気筒を意味する612と命名された。スカリエッティという名は、フェラーリ史のなかでも重要な役割を果たした、いわば立役者のひとり、セルジオ・スカリエッティに敬意を表して付けられたものだ。

　セルジオが率いたモデナのカロッツェリア、スカリエッティは多くの美しい"ロッソ"を製作したが、彼らの仕事は他者には代えられないないすばらしいものだった。歴代のカヴァリーノの名レーシングマシーン(代表作は250TR／250GTO／250LM)のボディ製作を行なったのも彼らだったし、ピニンファリーナがフェラーリ御用達のカロッツェリアになってからも、上客のためにワンオフを製作するのはスカリエッティだった。ロイヤルファミリー(王侯貴族)がコメンダトーレ(エンツォ・フェラーリ)にスペシャルエディションを注文したときに、彼らのオーダーを解釈し、アイデアを形にするのも、やはりスカリエッティの役割だった。ときには、ボディカラー程度しか決まっていないような状態からアイデアを出さなければならないこともあったが、スカリエッティはいつもあっと驚くようなモデルに仕上げた。彼らが生みだすクルマは美しく、スポーティで、そしてエレガントだった。スカリエッティのこの仕事ぶりが評価され、コメンダトーレの名前を冠したエンツォ・フェラーリに続いて発表されたモデルに、彼の名前が付けられることになったのである。

　ピニンファリーナが手がけたこのクルマのデザインはクラシックなものだ。ロングノーズに、リアに寄せられたコクピット、わずかなラゲッジスペースのせいもあり、2ボックス(エンジンと

**丸みを帯びた
スポーツカー**

フロントとリアの双方を眺めると、612スカリエッティのすっきりとした柔らかいラインがよくわかる。エアロダイナミクス関連のパーツ、たとえばウィングもスポイラーも、一切ボディには装着されていない。

テクニカルデータ
612スカリエッティ（2004）

【エンジン】＊形式／65度V型12気筒／縦置き ＊総排気量：5758cc ＊ボア×ストローク：89.0×77.0mm ＊最高出力：540ps／7250rpm ＊最大トルク：588Nm／5250rpm ＊圧縮比：11.2：1 ＊タイミングシステム：DOHC／4バルブ／ベルト駆動 ＊燃料供給：電子制御インジェクション

【駆動系統】＊駆動方式：RWD ＊変速機：6段／トランスアクスル ＊クラッチ：乾式単板／LSD ＊タイヤ：(前)245/45R18 (後)285/40R19

【シャシー／ボディ】＊形式：アルミ押し出し材フレーム＋アルミボディ／2ドア・クーペ ＊乗車定員：4名（2＋2） ＊サスペンション：(前)独立 ダブルウィッシュボーン／コイル、電子制御可変テレスコピック・ダンパー、スタビライザー (後)独立 ダブルウィッシュボーン／コイル、電子制御可変テレスコピック・ダンパー、オートレベライザー ＊ブレーキ：ベンチレーテッド・ディスク／ABS ASR スタビリティコントロール ＊ステアリング：ラックピニオン（パワーアシスト）

【寸法／重量】＊ホイールベース：2950mm ＊トレッド：(前)1688mm (後)1641mm ＊全長×全幅×全高：4902×1957×1344mm ＊車重：1725kg

【性能】＊最高速度：320km/h ＊0-100km/h加速：4.2秒

不朽の名作

透視図を通してメカニズムを眺めると、伝統的なそのレイアウトがよくわかる。エンジンはフロントに配置されているが、コクピット寄りだ。ギアボックスはLSD内蔵。ボディはアルミ製。

キャビン）のようなフォルムに見える。特にフロントとサイドの見目がよいデザインといえよう。

ピニンファリーナは自らが手がけた過去のデザインから重要なヒントを得たようで、なかでもその美しさで絶賛された1954年の375MMが（映画監督のロベルト・ロッセリーニが、妻であり女優のイングリッド・バーグマンに贈ったもの）、612のデザインに大きな影響を及ぼしているといえる。滑らかなフォルムの小さなライトに繋がる、峰のあるフロントフェンダーがこの375MMの特徴だったが、612もフェンダーと、同じくボディサイドの緩やかなスクープがあり、これがサイドビューに軽さを与えている。

Cd値は0.34で、フロントエンジンのクルマとしては非常に優れた空力特性だ。すばらしい走行性能の秘密は、今回もアンダーボディの処理にある。ウィングを装着しなかったかわりに、アンダーボディをフラットにし、グラウンド・エフェクト効果を高めた結果、300km/h走行時に115kgのダウンフォースを得ることとなった。

パセンジャー用のスペースは、フェラーリとしてはかつてないほど広々としている。456Mと比べると全長で139mm長くなっているのだが、この延長部分はすべて乗客用スペースに使われた。ドア開口部については15cm増となって

いる。リアシートは垂直方向に7cm高くなり、背もたれの角度は12度に倒された。トランクの容量は240ℓだ（456Mは190ℓ）。キャビンはレザーとアルミニウムのオンパレードで、快適性能に主眼が置かれている。オーディオは最新モデルを搭載、ヘッドライトにはオートセンサーが備わり、夕暮れ時や降雨時などに自動的に点灯する。パーソナリゼーション・プログラムの導入も612の特徴のひとつで、内装／外装のカラーから、素材、アクセサリーに細かな注文をつけることができるのだ。これによって自分だけの612スカリエッティが完成する。

　エンジンは、圧縮比が高められ、吸気システムも改良された結果、1ℓあたりのエンジン出力は94ps、トータルで540psを発し、最高速度は320km/hに達した。この記録は4シーターモデルとしては世界一である。

　シャシーとボディはすべてアルミニウム製で、モデル名のとおり、フェラーリ傘下に入った、モデナのスカリエッティの工場で製作された。アルミニウムの押し出し材を鋳造パーツで繋いで作ったスペースフレームに、アルミパネルを溶接とリベットで貼りつけてボディを構成する。アルミを採用したことで、剛性が60％高まった。

　エンジンはフロントミドシップ、つまりフロントアクスルの後ろ側に配置され、LSD内蔵のギアボックスをリアに配したトランスアクスルとすることにより、フロント46％、リア54％という、ほぼ理想的な重量配分を実現した。これ

伝説からの引用
ボディサイドの大きなスクープとヘッドライトは、1954年にピニンファリーナが、ロッセリーニ／バーグマン夫妻のために製作した375MMを連想させる。テールライト（左）はフェラーリの伝統である丸型。

チャイナ・ツアー

2005年の8月から10月まで、1万5000マイル・チャイナ・ツアーが行なわれた。このツアーに参加した2台のスカリエッティは、高度5200mの地を含めた中国の2万4000kmを走破した。209ページの写真は612の内装。柔らかな革がふんだんに使われた、エレガントで上品ななかにもスポーティなトーンを漂わせる。

により、ドライバビリティ、スタビリティともにハイレベルとなっている。ギアボックスはマニュアル、もしくはセミオートマティック（新世代F1システム・パドルシフト）のいずれかを選ぶことが可能だ。トラクションとスタビリティは電子制御され、どんな状況にあってもセーフティドライブを保証する。

2006年モデルは2005年12月のボローニャ・モーターショーで発表された。豊富なレザーの内装が見直されたほか、前後とも19インチ・ホイール装備のスポーティ・ドライビングを追求する、ハンドリングGTCパッケージも追加された。

GG50——ジウジアーロによる612

1955年9月にスタートした自身のキャリア50周年を祝い、ジョルジェット・ジウジアーロが選んだのはフェラーリだった。いや、正確にはこう言うべきだろう。ジウジアーロが選択したのは、まさに"この"フェラーリ、612スカリエッティだった。

記念すべき50年を祝うイベントとして企画されたのは、イタルデザインを創設したジウジアーロの才能と個性を表現するコンセプトカーの製作だった。この"プレゼント"が初めて発表されたのは、2005年10月に開催された東京モーターショーで、車名はGG50、ジョルジェット・ジウジアーロのイニシャルにキャリアを示す50をつけたものだ。

ジウジアーロの612は動く彫刻そのものである。オリジナルに比べて全長が9cm短い（オリジナルの4.90mに対して4.81m）。ピニンファリーナが手がけた612よりもアグレッシヴで個性的な仕上がりだが、フェラーリらしさをあらゆるところに残している。これこそフェラーリ社社長のルカ・コルデーロ・ディ・モンテゼーモロがこのプロジェクトに同意した際の条件だった。ジウジアーロはフロントをモディファイしたうえ、テールをがらりとデザイン変更した。612ではリアのシートの背後に縦置きされた燃料タンクを、GG50では横に置くことで、トランクの容量が270ℓに増した。さらにリアシートを倒してフラットにすると、容量は500ℓにはねあがる。長さは140cmと、広々としたスペースを獲得することができるのだ。

驚くべきはダッシュボードで、カーナビゲーション・システムが装着されている。612では固定式だったリアウィンドーは開閉可能となり、20インチのホイールが採用された。

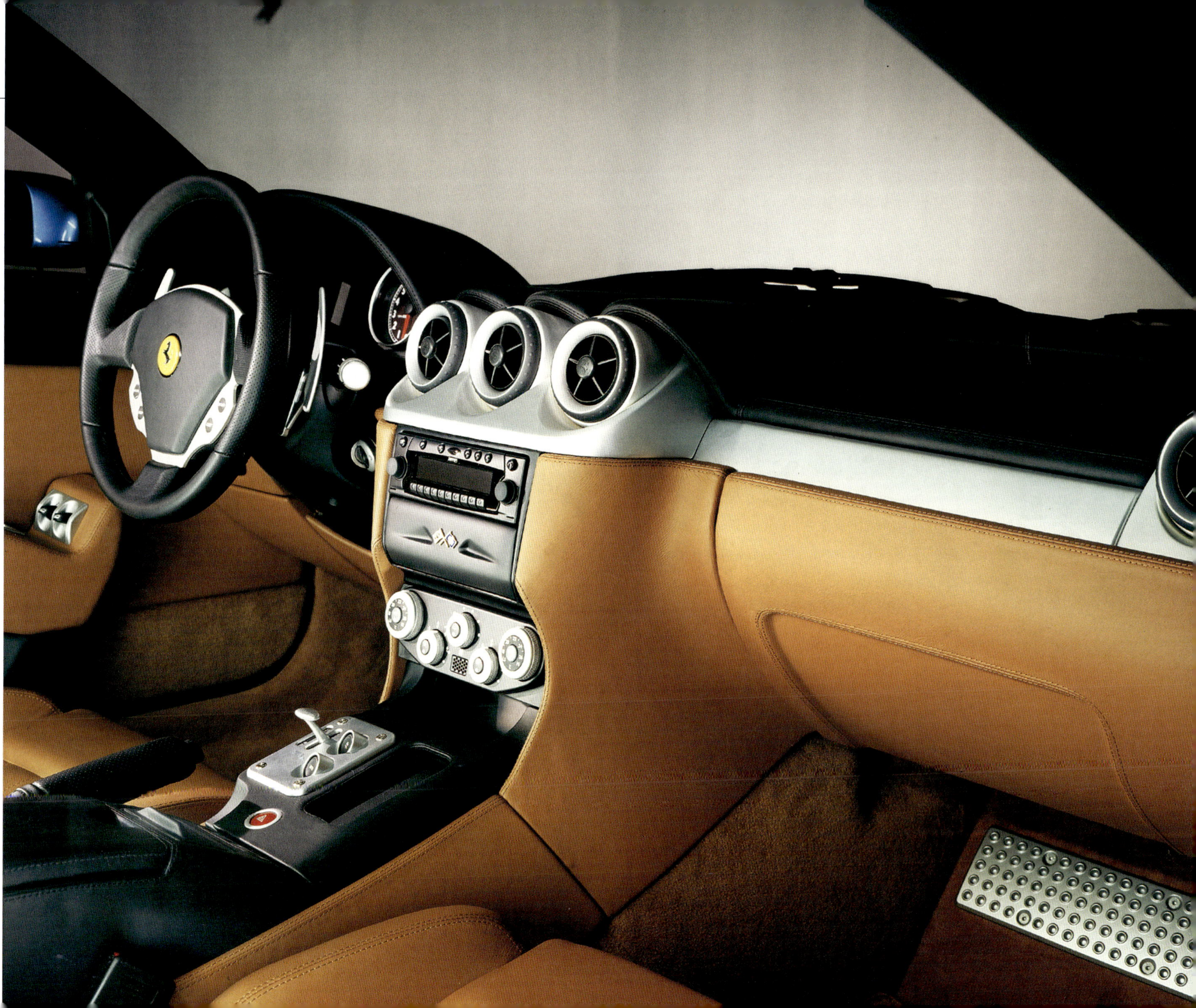

612スカリエッティF1 インプレッション

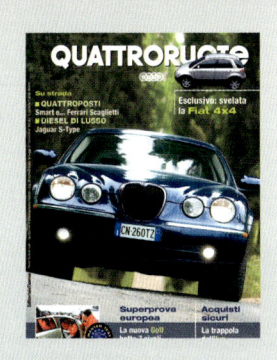

初のマスター・テスト

2004年6月、ヨーロッパの15人の経験豊かなジャーナリストとのコラボレーションにより、クアトロルオーテはヨーロッパで好調な販売を記録するクルマを評価する審査委員会を組織した。ミディアムクラスで初優勝を飾ったのはゴルフだった。ほかには、ジャガーSタイプ、スマート・フォーフォー、オペル・ベクトラの試乗記が掲載された。新型車予想ではフィアット4×4、ポルシェの4ドア、オペル・コルサ、シトロエンC4が紹介されている。

新しさ満載の号だった——6月号の『クアトロルオーテ』は誌面をリニューアル、ヨーロピアンカー・スーパーテスト（連載企画となった）とテスト結果を締めくくる測定表に、追加の"星半分"が登場することになった。いうまでもなく、最初に登場したのは612スカリエッティF1である。「すばらしいフェラーリのグラントゥリズモ」、この"超特別"なテスト結果はこのひとことに尽きると、記事はまとめている。

まずスタイリングだ。アグレッシヴかつ非常に革新的で、インテリアとうまく調和している。キャビンもエクステリアと同様にはっきりしたテーマを持ち、レザーとアルミ（このふたつの素材が独特な雰囲気を作りだしている）が特徴のセンタートンネルに続く大きなコンソールが、中央に構えている。リアシートを含めて、すべてが快適だ。リアにはシングルタイプのシートが2座並ぶ。

ドライビングポジションもほぼ完璧で、シート、ステアリングホイールのどちらにも電動式調節機能が装着されている。計器類はエンツォ・フェラーリでの経験をフルに活かしており、ペダル類は芸術作品と呼べるものだ。まったくもって感心のひとことに尽きる。これらを前に運転するなというほうが無理というものだ。とはいっても、法定速度を守っている間は、12気筒が生みだすサウンドは魅力的とはいいがたいのだが、スロットルペダルに乗せた足に込める力をわずかでも強くしたとたんに、サウンドのトーンはぐっと変化する。その後は——心配ご無用。すべての約束事はきちんと守られる。というのは、そのロングノーズのプロポーションにもかかわらず、ウェイトの54%をリアに配分する612スカリエッティの挙動は、他のクルマとは比較にならないほど優れたものだからだ。612スカリエッティのスタビリティ、ロードホールディング、加速はミドシップエンジンのベルリネッタのそれを思わせる。

パワーもエクセレントだ。どんどんスピードが上がっていく。6速に入れて、記録する最高速度に到達するのはあっという間だ。ドライバーが当惑するほど簡単なのだ。レヴカウンターの針が7600rpmを指すや、レヴリミッターが行く手を阻む。ブレーキシステムは予想をはるかに超えたすばらしいもので、ほとんどレーシングマシーンのそれに近い。激しく踏みこんだときの制動力は驚きに値する。ステアリングはスピードが上がるにつれ、スタビリティと繊細さに磨きがかかる。その時々の走行状況を正確に伝えることによってドライバーに安心感を与えてくれる。

612スカリエッティはコーナーへ、安心してハイスピードで突っこんでいける。それもイメージする以上の速さで、だ。ありあまるパワーは万事そつのないタイプで、何をするのもお好み次第、オーバーステア、アンダーステア、やりたい放題——とはいえ、もちろん慎重に運転するにこしたことはない。

PERFORMANCES

最高速度	km/h	0―220	17.0	70―180	10.4/20.2
	320.237	0―240	20.9	70―200	13.0/23.9
発進加速		停止―400m	12.3	**制動力 (ABS)**	
速度 (km/h)	時間 (秒)	停止―1km	22.0	初速 (km/h)	制動距離 (m)
0―60	2.1	**追越加速** (Dレンジ/6速使用時)		60	12.6
0―100	4.3	速度 (km/h)	間 (秒)	100	35.0
0―120	5.9	70―80	0.7/1.9	120	50.4
0―140	7.2	70―100	1.9/5.5	140	68.6
0―160	9.4	70―120	3.2/9.1	160	89.6
0―180	11.3	70―140	5.0/12.9	180	113..4
0―200	13.4	70―160	7.1/16.7	200	140.0

サーキット周回
ヴァイラーノ・サーキットのハンドリング・コースのラップタイムは1分22秒102。これは575M F1の上をいく記録で、911ターボにわずか1.3秒の後れだ。適切な重量配分がコーナーで発揮され、そのバランスの良さは限界まで変わらない。

F430 ベルリネッタ/スパイダー 2004～

指先で
F430のステアリングホイールに装着された"マネッティーノ"には、5つのモードが並ぶ。ギアポジションはドライバー正面、レヴカウンターに組みこまれた（下右）ディスプレイに表示される。

8気筒エンジンを搭載するフェラーリのベルリネッタが、新たな頂点を迎えた。コンパクト、スーパー・スポーティ、ハイパワー、すばらしいスタイリング、ショッキングな性能ながら日常的に使える扱いやすさ、F430はこれらすべてのテーマを実現した最新フェラーリである。

カヴァリーノの歴史上、初めて登場した8気筒モデルが、1974年のディーノ308GT4だった。その後、GTB／GTS、348、F355、そして1999年の360モデナへと続いた。この流れを受けて登場したのがF430である。F430ベルリネッタは2004年10月のパリ・サロンでデビューした。

"ロッソ"のレーシングマシーンと、スクーデリア・フェラーリとが密接に結びついたニューカーで、なかでも注目すべきは、これまでのフェラーリでは見られなかった技術が採用されていることだろう。それはF1マシーン用に開発された電子制御ディファレンシャルである。これはトルクを理想的なトラクションとして路面に伝えるものだ。また、エンツォ、612Sに装備された、さまざまなデータを総合的に管理するコミュータースイッチがステアリングホイールに取り付けられているのも特徴のひとつといえる（スクーデリア・フェラーリのF1パイロットが使用するものに似たシステム）。

V8エンジンは基本設計から一新された。360モデナのエンジンは3.6ℓだったが、F430では4308ccとなり（ここから430というモデル名になった。モデナという名前は外され、代わりにFが付けられた）。パワーも排気量同様にアップし、490psとなった（114ps/ℓ）。大パワーとライトウェイト──つまり、パワーが20％増加したにもかかわらず、このベルリネッタのエンジン単体重量は4kg増えただけだったのだ。総重量は1350kgで（360モデナは1290kg）、パワーウェイトレシオ2.8kg/psというすごい数値となるが、

空気をデザインする
冷却用、ダウンフォース用、エアアウトレット用と、さまざまなスリットがF430のボディには存在するが、フロントノーズ周辺のみならず、リアフェンダー上部にまで見られる。アンダーボディを通過するエアの流れをうまく利用して、グラウンド・エフェクトを高めている。

テクニカルデータ
F430ベルリネッタ（2004）

【エンジン】＊形式：90度V型8気筒／縦置き ＊総排気量：4308cc ＊ボア×ストローク：92.0×81.0mm ＊最高出力：490ps／8500rpm ＊最大トルク：465Nm/5250rpm ＊圧縮比：11.3：1 ＊タイミングシステム：DOHC／4バルブ／チェーン駆動 ＊燃料供給：電子制御インジェクション

【駆動系統】＊駆動方式：RWD ＊変速機：6段マニュアル ＊クラッチ：乾式複板／電子制御LSD ＊タイヤ：(前)225/35R19 (後)285/35R19

【シャシー／ボディ】＊形式：アルミ押し出し材フレーム＋アルミボディ／2ドア・クーペ ＊乗車定員：2名 ＊サスペンション：(前)独立 ダブルウィッシュボーン／コイル，電子制御可変テレスコピック・ダンパー (後)独立 ダブルウィッシュボーン／コイル，電子制御可変テレスコピック・ダンパー ＊ブレーキ：ベンチレーテッド・ディスク／ABS ASR スタビリティコントロール ＊ステアリング：ラックピニオン（パワーアシスト）

【寸法／重量】＊ホイールベース：2600mm ＊トレッド：(前)1669mm (後)1616mm ＊全長×全幅×全高：4512×1923×1214mm ＊車重：1350kg

【性能】＊最高速度：315km/h ＊0－100km/h加速：4.0秒

　これは文句なくすばらしい。再びモデナとの比較で眺めると、1気筒のバルブ数は5から4へ減少し、F430は1気筒4バルブとなる。タペットは油圧式で、吸排気バルブの開閉タイミングを適切に調節する可変バルブタイミング機構が備わっている。潤滑システムはドライサンプ方式、クラッチはツインプレートだ。6段変速ギアボックスは、マニュアルとF1タイプのセミオートマティックの両方が用意された。セミオートマティックについては、オートモードとマニュアルモードのいずれかを選ぶことができる。

　シャシーについては、ホイールベース、トレッドとも360モデナと同じだ。軽合金製ホイールは18インチから19インチに変更となった。

　注目すべきは、トラクション・スタビリティ・コントロール（CST：Control for Stability and Traction）システムと、コーナーも含むさまざまなシーンで駆動力の伝達を高めるエレクトロニック・ディファレンシャル（E-Diff）が採用されたことだろう。重量配分はフロント43％、リア57％となっている。オプションでブレーキシステムにカーボンセラミック・ディスクをオーダーすることも可能だ。

　ステアリング上には、いわゆる"マネッティーノ（コミュータースイッチ）"が装着されている。これは走行モードを切り替えるスイッチであり、ドライバーがダンパーの硬さ、トラクションとスタビリティをコントロールすることを可能にしたもので（CSTはオフにすることも可能）、スポーティ・ドライビングに適していることはむろんのこと、凍結路面など、多くの条件下におけるセーフティをも約束する。

　このようなシステムを搭載したF430の性能は抜群といえ、最高速度315km/hのほか、0－100km/h加速はジャスト4秒、0－1km加速は21.62秒と（この記録はV12搭載の575Mには劣

技術用語のオンパレード
エンジンフード後端に装着された小さなスポイラー（ノルダー／Nolder）、同じくリア下端のディフューザーは、相互に機能することでグラウンド・エフェクトを高める。リアのフェンダー上のエアインテークはエンジンにフレッシュエアを運びこむ。

る）、いずれも高性能を示す。F1タイプのセミオートマティックギアでも数値は同じだ。

スタイリングはピニンファリーナの秀作といえよう。スポーティなラインが魅力だ。フェイスは、窪みのついたエンジンフードとフェンダーまで伸びるライト、そしてフロント両サイドの大きな楕円形のエアインテークがデザイン上のポイントとなっている。これはエンジンが作りだす高熱を飲みこむラジエーターを冷却するために装着されたもので、マスクのデザインは"シャークノーズ"と呼ばれた1961年型フェラーリF1マシーンを彷彿させる。

ノーズ下部に設置されたエアインテークはウィングと繋がっており、これがアンダーボディのエアの流れに貢献する。リアにはエンツォ・フェラーリからヒントを得たと思しきデザインがみられる。フラットなアンダーボディがエアロダイナミクスを高め、リアには大きなディフューザーが装着された。リアアクスルに50kgの荷重がかかるダウンフォースは、360モデナにくらべて50％も向上している。リアのエンジンフードの後端にはリップスポイラーが備わる。

翌年の2005年3月、ジュネーヴ・ショーでF430スパイダーがデビューを飾った。幌の開閉は電動式だ。ルーフはなくなったが、性能は失われておらず、0－100km/h加速4.1秒、最高速度310km/hをキープしている。全高は1214mmから1234mmとなり、車重はベルリネッタに比べて70kg増の1420kgとなった。

オープン・キャラクター
F430スパイダーは、ベルリネッタの性能とハイクォリティをそのまま受け継いだモデルだ。左は幌が開くシーン。ウィンドー・フレーム上の留め具が外れて開く仕組み。開いた幌はエンジンとコクピットの間に畳んで収納される。開閉はすべて自動で、所要時間は20秒。

F430 F1 インプレッション

菜種油の効果

好奇心にかられて、2005年のはじめ、軽油の代わりに菜種油を使ってみた。『クアトロルオーテ』5月号で、この実験の1回目を詳しくリポートしている。他にはESPの検証実験、4000ユーロの低価格車（中国FAWの輸入はおそらく2006年終わりから）、中古パーツの信頼性についてのリポートも並ぶ。F430F1以外では、トヨタ・アイゴ、VWゴルフ・プラス、ホンダCR-V、ジープ・チェロキー、BMW M5のテストが掲載されている。

「性能はゴールドの5つ星だ。0－100km/hを3.6秒で駆け抜けるマラネロのニューベイビーは、ヴァイラーノ・サーキットを走った生産車としては最速を記録した。しかし、このクルマの魅力は速度だけではなかった。安全性、操縦性、感動、いずれもトップだった」

2005年5月号の『クアトロルオーテ』の記事はこんなふうに始まっている。"ロッソ・ミサイル"が打ち立てたすばらしい記録の数々は、試乗記の最後に掲載された。テストはエンジンから（強大なトルクは他に類を見ないほどだが、4500rpm以上になるとさらに湧きでてくる）ギアボックス（快適、"レイン・モード"は便利、"レース・モード"はシフトチェンジは速いが激しい）、ハンドリングから（ハイスピード時に特に高いクォリティが感じられるが、通常域でももちろん優秀）ブレーキにいたるまで（平均制動力は2.28G、耐フェード性能が抜群にいい）、そのすべてに驚かされた。

本当にこのクルマの性能には驚かされることばかりだったが、この原稿を執筆するという幸運に恵まれたジャーナリストをさらに驚かせたのは、この500ps近いパワーのエンジンを御する"マネッティーノ"の5つのモードだった。これを使えばF430F1は、いかなる路面でもどんな難しい状況でも、実に扱いやすいクルマになるのだ。"アイス""スポーツ"、そしてふたつの間に置かれた"レイン"も例外ではない。エンジン、ギアボックス、サスペンション、スタビリティ／トラクションをコントロールするCST、これらがどのモードでも（自動的に）安全性を考慮しながら最高のパフォーマンスを約束するのだ。

"レース"ポジションにセッティングすると、セーフティ・デバイスの電子制御を受けることなくダイレクトに、クルマのダイナミックなパフォーマンスが味わえる。限界を超えた横滑りを感知したときのみ、CSTがブレーキとエンジンに介入する。スタビリティ・コントロールが外されることで、クルマの動きはドライバーの手に託されるというわけだ。

「限界性能を試すには、ドライバーにかなりの腕前が要求される。そういうふうにF430F1はセッティングされている。ドライバーの能力はこのクルマの一部なのだ。注意すべきはサーキットの走行ラインとレヴカウンターだ。あっという間にレッドゾーンへと飛びこんでいく。進むべきラインに向っているかどうかを読む、そういう感覚を要求されるのだ」

マネッティーノを"スポーツ"にセッティングしたまま、サーキットを離れて一般道に下りると、F430F1はグラントゥリズモの顔となる。「このクルマを理解するのに、レーシングマシーンのようにがむしゃらに走る必要はない。なぜならF430F1はドライビング・プレジャーに溢れたクルマだからだ。スロットルを全開にしなくとも、わずかな加速でもそれが感じられる」

V8ミュージック！
F430F1（発売時価格は15万2651ユーロ）のエグゾーストノートは回転数やスロットルの開き具合によって、そのトーンを変える。

PERFORMANCES

最高速度	km/h
	317.788

発進加速

速度（km/h）	時間（秒）
0−60	1.6
0−100	3.6
0−120	5.0
0−140	6.2
0−160	8.1
0−180	9.9
0−200	12.5
0−220	15.3
0−240	18.6
0−250	22.2
停止−400m	11.6
停止−1km	21.2

追越加速（5速／6速使用時）

速度（km/h）	時間（秒）
70−100	3.6／5.4
70−120	5.6／8.7
70−140	7.6／11.7
70−160	9.6／14.5
70−180	11.8／17.5

制動力

初速（km/h）	制動距離（m）
60	12.0
100	33.3
120	48.0
140	65.3
160	85.3
180	107.9
200	133.2

スーパーアメリカ 2005〜2006

テクニカルデータ
575M スーパーアメリカ（2005）

【エンジン】＊形式：65度V型12気筒／縦置き ＊総排気量：5748cc ＊ボア×ストローク：89.0×77.0mm ＊最高出力：540ps/7250rpm ＊最大トルク：588Nm/5250rpm ＊圧縮比：11.0：1 ＊タイミングシステム：DOHC／4バルブ／ベルト駆動 ＊燃料供給：電子制御インジェクション

【駆動系統】＊駆動方式：RWD ＊変速機：6段／トランスアクスル ＊クラッチ：乾式単板／LSD ＊タイア：（前）255/35R19（後）305/30R19

【シャシー／ボディ】＊形式：鋼管スペースフレーム＋アルミボディ＋ガラス＆カーボンファイバー製ルーフ／2ドア・スパイダー ＊乗車定員：2名 ＊サスペンション：（前）独立 ダブルウィッシュボーン／コイル，テレスコピック・ダンパー，スタビライザー（後）独立 ダブルウィッシュボーン／コイル，テレスコピック・ダンパー ＊ブレーキ：ベンチレーテッド・ディスク／ABS ASR ＊ステアリング：ラックピニオン（パワーアシスト）

【寸法／重量】＊ホイールベース：2500mm ＊トレッド：（前）1632mm（後）1586mm ＊全長×全幅×全高：4550×1935×1277mm ＊車重：1790kg

【性能】＊最高速度：320km/h ＊0－100km/h加速：4.25秒

スーパーなのは名前だけではない（アメリカ市場向けに1956〜61年に製作されたパワフルなフェラーリのラインナップが再び帰ってきた）。なによりまず、12気筒フェラーリ・ベルリネッタというコンセプトがスーパーだ。そして特殊な屋根が、スパイダーまたはベルリネッタにその姿を自在に変える、ユニークで洗練された技術を持つことも、実にスーパーなのである。

575Mスーパーアメリカは、フロントにV12エンジンを搭載した2シーターの最新モデルである。1996年に550マラネロが誕生し、2002年には575Mマラネロとなったモデルの、いわば最新バージョンということになる。

エンジンはV型12気筒、DOHC 5.75ℓで、出力は575Mマラネロの515psより25ps向上した540ps（1ℓあたりの出力は94ps）だ。性能もまたしかりで、最高速度320km/h、0－100km/h加速4.25秒（セミオートマティックの最新版、F1Aトランスミッションを搭載したモデルでは4.20秒）、0－1km加速22秒ジャストと上回る。

理想的な重量配分（54：46）の実現とLSD内蔵ギアボックスのリアアクスルへの配置で、すばらしいロードホールディングを獲得している。その他の革新技術として、カーボンセラミック・ディスクブレーキの装着と、575Mマラネロのコンペティション・バージョンから転用された、GTCハンドリングシステムの搭載という2点を挙げることができるだろう。

スーパーアメリカの売りは、しかし、なんといってもレヴォクロミコ（Revocromico）と名づけられたルーフにある。自動で回転して開閉する仕組みで（フィオラヴァンティ社の特許）、クローズ状態からオープンになるまで、わずか10秒で完了する。これによりスーパーアメリカは、ベルリネッタからスパイダーに、世界最速で変身するクルマとなった。

フィオラヴァンティが設計したこのルーフシステムのメリットのひとつは、トランク容量がルーフの開閉状態に左右されない点にある。レヴォクロミコは後端部を支点に180度回転しながら開き、オープン時にはルーフがトランクのカバーに収まる。支点部分は非常に丈夫で、ロールバーが装着されている。後部のガラスウィンドーは、オープン時には効果的に風の巻きこみを抑えるディフレクターとして機能する仕組みだ。最新技術が用いられたガラス／カーボンファイバー製ルーフは、サン・ゴバン（Saint Gobain）社とフェラーリによって共同開発された。これほど大きな面積をもつガラスが採用されたのは初めてのことだが、このガラスは外光の強さによって濃度を5段階に選択できるようになっており、これによりベルリネッタのコクピットの明るさを、機能と好みにあわせて調節できる。もっとも暗いモードから一番明るいモードまでの切り替えは1分以内に完了する。

スーパーアメリカがデビューしたのは2005年1月のことで、ロサンゼルスとデトロイトで同時発表された（アメリカにフェラーリが登場してから50年以上が経っていた）。生産台数は559台の限定で、これにより優雅で魅力あふれたクルマはあっという間にコレクターズアイテムとなったのである。

トランスフォーマー

通常のルーフともハードトップとも異なる。このルーフ構造を理解するにはCC(クーペカブリオレ)の技術を見るとわかりやすいかもしかない。ガラス／カーボンファイバー製ルーフが回転することで、ベルリネッタからスパイダーへ、その姿を変える。この天才的なアイデアは、元ピニンファリーナ・ディレクターで、フェラーリのサブ・ディレクターも務めたレオナルド・フィオラヴァンティによるもの。カヴァリーノに精通した人物だ。

599GTB フィオラーノ 2006〜

三男坊

599GTBフィオラーノは575Mマラネロに代わるモデルで、550マラネロから始まった、現代フロントエンジン・フェラーリ兄弟の、575Mマラネロに続く三男坊ということになる。エンジンはエンツォ・フェラーリの65度V型12気筒をベースに開発された。パワーは620ps。

一般公開されたのは2006年春のジュネーヴ・ショーだったが、1月にはすでにこのクルマがデビューするというニュースが、世界中を駆け巡っていた。2002年2月にデビューした575Mマラネロ——世代交代時期を迎えていたこのクルマに代わるニューモデルの名は599GTBという。つまり、グラントゥリズモ・ベルリネッタで、排気量は5990ccということだ。

「新しい2シーターは、これまでのフェラーリのすべてを超えるパフォーマンスを有する」これはマラネロの開発担当責任者、マッシモ・フマローラ(Massimo Fumarola)の言葉である。V12エンジンはエンツォに搭載されたユニットをベースにしたものだが、配置されたのはコクピット前のフロントミッドシップだった。

大パワーを持った後輪駆動の599GTBでは、車重配分が重要となった。46%がフロントに、54%がリアに配分されている。最高出力620ps／7600rpmは（レヴリミットは8400rpmで電子的に制御される）、575Mに比べて104psの向上だ。トルクも同様で、650Nmをひねり出す。高い性能を得るためには、パワーとトルクのバランスと、そして車重が鍵を握っている。最新フェラーリ・ベルリネッタは全長4.66mで車重は1580kgととてもスマートだが、これはシャシーとボディにアルミニウムが使われたことで実現したものだ。メカニカルパーツもかなりの割合

でアルミが採用されている。このクルマがいかに軽量であるかをみるには、比較がなによりだ──575Mマラネロは全長で11cm、599より短いが、車重は1730kgある。

12気筒エンジンと組み合わせられたのは6段変速マニュアルと6段変速セミオートマティック・トランスミッションで、それを操るパドルはステアリングコラムに備わる。LSDは電子制御され、限界時にも最大限の安全を保証する。サスペンションは前後ともダブルウィッシュボーンという、お馴染みのフェラーリスタイルだ。ブレーキシステムも同様に、4輪ディスクを搭載、素材にはカーボンセラミックを採用した。ホイールは5本スポークタイプで、タイヤサイズはフロント245/40R19、リアは305/35R20となっている。

デザインはもちろんピニンファリーナである。高いエアロダイナミクスを実現するスタイリングがその特徴だ。

599GTBもまた、近年のスーパー・カヴァリーノ同様、パーソナライゼーションが可能で、ボディカラーはもちろん、実に細かなアクセサリーにいたるまで、自分の好みにあった素材やカラーを選ぶことができるようになっている。

伝統の風
スタイリングはもちろんピニンファリーナの手による。過去の美しいフェラーリからデザインのヒントを得たモチーフが目につく。たとえばフロントのすっきりとしたヘッドライト形状は、かの375MMを彷彿させ、リアウィンドー脇のふたつのフィンは（221ページ）ディーノ206と246のそれを思わせる。フロントで目に飛びこんでくるのは数々のスリットだ。エアインテーク、リアビュー（223ページ）にはディフューザーがはっきりと見える。これはアンダーボディのエアを吸い上げ、ダウンフォースを発生させるものだ。

QUATTRORUOTE Passione Auto　FERRARI：Le stradari dalla 166 Inter alla 599 GTB

パッション・オート『フェラーリ：ヴィーナスの創造(そうぞう)』

2007年3月5日　初版第1刷発行

QUATTRORUOTE（Editoriale Domus社）編

翻訳者＝松本 葉

監修者＝川上 完

編集協力＝日比谷一雄

発行者＝黒須雪子

発行所＝株式会社二玄社

〒101-8419　東京都千代田区神田神保町2-2

営業部＝〒113-0021　東京都文京区本駒込6-2-1　電話03-5395-0511

印刷＝図書印刷株式会社

製本＝株式会社丸山製本所

ISBN978-4-544-40013-7　Printed in Japan

＊定価は函に表示してあります。

JCLS（株）日本著作出版権管理システム委託出版物
本書の無断複写は著作権法上の例外を除き禁じられています。
複写を希望される場合は、そのつど事前に（株）日本著作出版権管理システム（電話 03-3817-5670、FAX 03-3815-8199）の許諾を得てください。

＊本著はEditriale Domus刊『QUATTRORUOTE PASSIONE AUTO：FERRARI』の日本語版です。

A CURA DI：Manuela Piscini
PROGETTO GRAFICO：Vanda Calcaterra
TESTI：Luca Delli Carri - Nicolò Cilento（prove）
HANNO COLLABORATO：Massimo Calzone
CONSULENZA STORICA：Nicola Materazzi
DISEGNI E FOTOGRAFIE：Archivio Quattroruote - Archivio Ruoteclassiche
Archivio Ferrari
REALIZZAZIONE GRAFICA：Gino Napoli
EDITORIALE DOMUS S.p.A.
Via Gianni Mazzocchi 1/3 - 20089 Rozzano(MI)
e-mail editorialedomus@edidomus.it　http://www.edidomus.it
©2006 Editoriale Domus S.p.A. - Rozzano(MI)

Tutti i diritti sono riservati. Nessuna parte dell'opera può essere riprodotta o trasmessa
in qualsiasi forma o mezzo, sia elettronico, meccanico, fotografico o altro,
senza il preventivo consenso scritto da parte dei proprietari del copyright.

参考文献

書籍

- 2002年 Automobilia刊
「Ferrari Opera Omnia」

- 1998年 Giorgio Nada Editore刊
「Ferrari 1947-1997」

- Stanley Novak／Dalton Watson共著
1993年 Fine Books刊
「Ferrari on the Road」

- Antonie Prunet著
1980年 Libreria dell'Automobile刊
「Ferrari, Le Granturismo」

- Luca Delli Carri／Giuseppe Piazzi
Roberto Bonetto共著
2004年 Rizzoli-Quattroruote刊
「L'Enciclopedia Ferrari」

- 「Annuario Ferrari」

- 1996年 Editoriale Domus刊
「Favolose Ferrari」

クアトロルオーテHP
www.quattroruote.it